춘향이 화학 천재라고?

춘향이 화학 천재라고?

정완상 글 | 홍기한 그림

브릿지북스

등장인물

성춘향
예쁘고 똑똑한 버드나무 서당의 퀸카.
출중한 화학 지식으로 몽룡과의
험난한 사랑을 헤쳐 나감

이몽룡
빼어난 화학 지식을 지닌
똘똘하고 잘생긴 얼짱 도령.
남원의 퀸카 춘향에게 첫눈에 반함.

이 사또
이몽룡의 아버지

월매
춘향의 어머니.
'월매 카페' 사장

추향
춘향의 라이벌

방자

발랄한 애교와 유머로
향단이의 마음을 사로잡음

향단

뛰어난 밀당으로
방자를 휘어잡음

화생

춘향의 삼촌이자
변 사또의 화학 참모, 화방

변 사또

춘향에게 구애를 하지만
마음을 얻지 못함

김 첨지

월매에게 사기를 치는
사기꾼

1막

춘향과 몽룡의 첫 만남 9

2막

춘향, 불 없이 유자차를 끓이다 23

3막

유레카! 오줌으로 춘향이를 살리다 39

4막

월매 카페의 신 메뉴, 동치미 토닉 57

5막

사기꾼 김 첨지에 당한 월매 69

6막

춘향, 미스 남원이 되다 81

7막

춘향, 감옥에 갇히다 91

8막

암행어사 출두요! 107

춘향과 몽룡의
첫 만남

햇살이 멀쩡한 콧구멍에 간지럼을 태우며 재채기를 일으키는 따뜻한 여름날이었다.

"오늘도 방자의 알람 소리가 참으로 요란하구나."

몽룡이 암탉보다 더 찌렁찌렁한 소리로 한적한 아침에 따발총을 쏘아 대는 방자의 방귀 소리를 들으며 말했다.

"도련님도 매일 아침 푸석한 꽁보리밥에 닭 모가지처럼 삐쩍 마른 고구마를 드셔 보십시오. 똥구멍이 찢어져라 발악하는데, 정말 눈물 없이 볼 수 없는 광경입니다요."

"이놈아, 방귀에 대해서 잘못 알아도 한참을 잘못 알고 있구나."

몽룡이 방자를 호통치며 말했다.

"제가 뭘 모른다는 겁니까요? 제가 방귀 경력만 몇 년인데요."

"방귀란 몸속의 기체가 밖으로 빠져나오는 것……."

"기체가 뭡니까요?"

"말 끊지 말아라. 이놈! 이 세상 물질에는 얼음처럼 단단한 고체가 있고, 물처럼 졸졸 흐르는 액체가 있고, 네놈이 뀐 방귀처럼 공기 중으로 퍼져 나가는 기체가 있느니라."

"그런데 어떤 방귀는 소리는 요란한데 냄새가 안 나고, 어떤 방귀는 소리는 없는데 냄새가 지독한 것은 왜 그런 것입니까?"

"좋은 질문이다. 우리가 먹는 음식은 주로 탄수화물, 지방, 단백질로 나뉘어 있느니라. 이 중 탄수화물과 지방은 수소, 산소, 탄소로 이루어져 있고, 단백질은 수소, 산소, 탄소, 질소로 이루어져 있다."

"단백질에만 질소가 있군요. 그런데 이것과 방귀 냄새가 무슨 관계

어허!
이 노옴~!

가 있죠?"

"콩, 우유, 달걀, 고기는 단백질이 많은 대표적인 음식이다. 바로 이 음식들의 단백질에 든 질소가 방귀 냄새의 주범이니라. 네놈의 오줌과 똥에서 나는 지독한 냄새가 바로 이것 때문이다. 이 질소 때문에 단백질 음식을 먹으면 암모니아 가스가 만들어지고 냄새가 나는 것이지. 그런데 다행히 네놈은 주로 탄수화물이 든 보리밥과 고구마만 먹고 사니까 단백질이 없어 냄새가 안 나는 방귀만 뀌는 것이다."

이렇게 두 사람은 아침부터 방귀에 대한 열띤 토론을 하였다.

햇살 좋은 그날, 남원에 새로 부임하게 된 몽룡의 아버지인 이 사또는 '부임 기념 특별 잔치'를 준비하고 있었다. 사비를 탈탈 털어 전을 부치고 고기반찬을 만들고, 각 고을의 특산품을 모아 차리는 등, 자신의 부임 특별 잔치에 각별히 신경을 썼다.

"귀빈 여러분, 귀한 시간을 내 주셔서 감사합니다. 오늘은 덕망이 높기로 소문난 이 사또께서 남원에 부임하게 된 땡잡은 날입니다. 우선 이 사또 말씀을 들어 봅시다."

이방이 마이크를 잡고 말했다.

이 사또가 목청을 가다듬는 순간, 배에서 '설사포 발사 준비 완료!'의 조짐이 느껴지자 얼굴이 빨갛게 달아올랐다. 하지만 곧 평정을 되찾으며 아무렇지 않은 듯이 말했다.

"선조께서는, 진정한 사내대장부란 말보다 행동이 앞서야 한다고 하셨습니다."

이 사또는 사뭇 진지한 표정으로 이렇게 짧은 한마디만을 남기고 유유히 사라졌다.

모인 귀빈들은 이 사또는 역시 남다르다며, 입이 마르도록 칭찬했다.

마음 같아서는 엉덩이에 로켓을 달고 뛰어가고 싶었지만 양반의 체면 때문에 뒷짐을 지고 걸을 뿐 이 사또의 속은 설사가 곧 소낙비처럼 쏟아져 내리기 일보 직전이었다. 가까스로 화장실 문을 열고 볼일을 보던 이 사또는 어두운 곳에서 긴 시간을 혼자 힘을 주고 있자니 적적함을 느꼈는지 주머니에서 성냥을 하나 꺼냈다. 불을 켜려는 그 순간! 똥들은 순식간에 엄청난 소리를 내며 하늘로 날아갔다. 화장실 지붕을 뚫고 슈퍼맨처럼 높이뛰기를 하더니 분수처럼 쏟아져 내렸고, 음식을 즐기고 있던 귀빈들의 얼굴과 머리로 떨어져 찰싹 달라붙었다. 그야말로 연회석은 아수라장이 되었다. 양반들은 고약한 똥 앞에서 체면이고 뭐고 다 버리고 도망가기 바빴다.

한편, 구릿빛 똥이 온몸에 축축하게 달라붙은 이 사또는 그 형체를 알아보기 힘들 정도였다. 대청마루 아래 바둑이 집에 잠시 들어가 있던 몽룡과 방자가 나와 이 사또의 몸에 황급히 물을 뿌렸다.

이 사또가 정신을 차리고 주위를 둘러보았을 때 이미 귀빈들은 화난 소처럼 몹시 흥분한 상태였다. 하지만 이 사또의 몰골을 보자 양반들은 모두 키득거리며 이 사또를 향해 웃음보를 날렸다.

부임하자마자 똥통 폭발 사고로 체면이 구겨진 이 사또는 역정을 내며 방자에게 소리쳤다.

"방자 네 이놈! 평소에 네가 똥을 하도 많이 싸서 똥통이 노해 폭발한 것이 아니냐! 오늘의 이런 망신은 모두 방자 네놈 때문이다. 내 화가 풀릴 때까지 방자 놈을 화장실에 가두어라!"

이 사또는 목에 핏줄을 세우며 흥분한 목소리로 소리쳤다.

"사또~ 살려 주십시오! 앞으로는 똥을 적게 생산하기 위해 노력하겠나이다. 그러니 제발 명을 거둬 주시옵소서!"

방자가 울먹이며 소리쳤다.

"듣기 싫다! 어서 저놈을 화장실에 가두어라!"

하인들이 방자를 화장실로 끌고 가 아무렇게나 처넣고 문을 닫았다.

몽룡은 화장실에 처박히는 방자의 꼴이 우습기도 했지만 한편으로 불쌍한 마음이 들어 목청을 가다듬고 아버지께 이야기했다.

"아버지, 똥통이 폭발한 것은 매우 안타까운 일이지만 방자 때문에 그런 것이 아닙니다."

"그럼 무엇 때문이란 말이냐?"

이 사또가 분을 참지 못한 표정으로 말했다.

"똥을 싸거나 방귀를 뀌면 몸속에서 메탄가스가 만들어집니다. 메탄은 탄소와 수소로 이루어진 기체인데 불이 잘 붙고 폭발성이 강하지요. 그러니까 아버지께서 메탄가스가 가득 차 있는 곳에서 불을 피운 것이 똥통을 폭발시킨 원인이 된 것입니다. 그러니 그만 방자를 풀어 주십시오."

몽룡이 아버지를 향해 눈을 깜빡이며 말했다.

"좋다. 내 잘못도 있는 것 같으니 이번만큼은 내가 너를 믿고 방자를 풀어 주겠다. 여봐라, 이만 방자를 풀어 주거라."

몽룡의 덕으로 화장실 문지기 신세를 면하게 된 방자는 몽룡에게 넙죽 절을 하며 말했다.

"좀 전에 사또께 이야기한 메틴가스가 무엇입니까요?"

"이번 똥통 폭발 사건의 주범이란다. 색도 없고 냄새도 없는 불에 타기 쉬운 성질의 기체이니라. 공기 속에서 불을 붙이면 파란 불꽃을 내면서 타지. 본래 늪이나 습지의 흙 속에서 유기물이 썩으면 생기기도

하는 것이 바로 이 메탄가스니라."

"앞으로 도련님께 충성을 바치겠습니다요. 도련님께서 죽으라고 하면 차마 죽지는 못하겠고 죽는 시늉은 해 드리겠습니다요."

"허허 됐다. 아버지는 성격이 불같으신 분이다. 언제 다시 노하실지 모르니 잠시 바람이나 쐬러 나가자꾸나."

몽룡이 방자를 재촉하였다.

집에서 나온 몽룡과 방자는 마을을 걷고 있었다.

"얘, 방자야, 너 춘향이라는 아이에 대해 알고 있느냐?"

"알다마다요. 남원에서 춘향 아씨를 모르는 사람은 없습니다요. 얼굴 예쁘고, 착하고, 게다가 공부까지 잘해서 여러 총각들의 마음을 훔쳤지요. 근데, 남원에 내려오신 지 얼마 되지 않은 도련님께서 춘향 아씨를 어찌 아십니까요?"

몽룡이 웃으며 말했다.

"너는 얼른 춘향이가 자주 갈 만한 곳을 찾아보기나 해라."

그리하여 방자와 몽룡은 남원 곳곳에 발자국을 남기며 춘향이를 찾아다녔다.

"오호, 저기 춘향 아씨가 있사옵니다요."

방자가 옷소매 속에 감춰 두었던 망원경을 꺼내 들었다. 몽룡은 얼른 방자의 망원경을 빼앗아 들여다보더니 한참 동안 눈을 떼지 못했다.

"이럴 때가 아니다. 한시가 바쁘구나. 너는 얼른 가서 춘향 아씨한테 내가 뵙기를 청한다고 전해라."

"과연, 춘향 아씨가 아직 과거 준비 중인 도련님을 좋아하실지⋯⋯."

"네 눈에는 내가 그리도 부족해 보인단 말이냐?"

방자는 몽룡의 맑은 눈빛을 도저히 외면할 수가 없었다.

"알겠습니다요. 우선 제가 아씨에게 말씀은 드려 보겠습니다요."

향단이 어기적거리며 걸어오는 방자를 보고 새침한 얼굴로 손에 침을 바르고 머리를 쓰다듬으며 말했다.

"방자야, 넌 내가 그렇게 싫다고 말을 했는데 아직도 나를 포기 못 했느냐?"

방자는 향단이의 말을 무시한 채 춘향이에게 말을 건넸다.

"춘향 아씨, 우리 몽룡 도련님으로 말씀드리자면, 이 사또의 외아들로 언젠가는 사또의 재산을 몽땅 물려받을 뿐 아니라 후에 한양에 과거를 보러 갈 예정입니다. 과거만 붙었다 하면 출세 길이 열리는 것이지요. 우리 도련님 한번 만나 보시면 어때요. 도련님께서 집 근처 빵집에서 버터 바른 빵하고 우유 한 잔 어떠냐고 여쭈라 하셨습니다요."

방자가 몽룡의 자랑을 늘어놓았다. 춘향의 마음이 흔들릴 것이라고 믿었던 방자의 생각과 달리, 춘향이 큰소리로 호통을 쳤다.

"지금 버터 바른 빵이라고 했느냐?"

"네, 아주 고소하지요. 남원에서 빵을 가장 잘 굽는 집입니다요."

"네 이놈! 버터는 지방 덩어리다. 탄수화물, 단백질, 지방을 우리 몸의 3대 영양소라 부르는데 지방은 나에게 최대의 적이니라."

"지방이 무슨 죄를 지었길래 적이라는 것입니까요?"

"지방은 열량이 높아. 탄수화물과 단백질은 1그램을 먹으면 4칼로리가 생기지만 지방은 그 두 배도 넘는 9칼로리가 생긴단 말이다. 그러니 버터 바른 빵집은 못 가겠다고 전하거라."

춘향이 도도하고 차갑게 말했다. 향단은 일부러 몽룡을 만나러 나온 춘향의 연기에 기가 차서 웃음이 새어 나오려 했지만 혀를 깨물고 억

지로 참았다. 어쩔 수 없이 방자는 발걸음을 돌렸다.

"도련님, 제가 뭐라고 했습니까요. 춘향 아씨는 콧방귀를 뀌며 꼼짝
도 안 하십니다요."

방자가 입을 삐죽거렸다.

"그런 절세가인이 도도함까지 갖추는 건 당연한 일이다. 방자야, 춘
향이와 내가 어떻게 하면 만날 수 있을지 함께 연구해 보자꾸나."

몽룡과 방자는 서둘러 집으로 돌아갔다. 서서히 멀어지는 몽룡과 방
자의 모습을 본 향단이 아쉬워하며 말했다.

"아씨, 몽룡 도련님이 아씨를 포기하시면 어쩌려고 매몰차게 대하십
니까요?"

"몽룡 도련님은 나를 쉽게 포기할 위인이 아니다. 내가 가만히 있더
라도 몽룡 도련님이 자기 발로 찾아올 것이니 뒷짐 지고 구경이나 하
거라."

춘향이 자신만만하게 웃었다.

더 알아보기

방자

산소와 수소와 탄소는 알겠고, 질소는 무엇입니까요?

몽룡

질소는 공기 중에 가장 많이 들어 있는 기체란다. 공기의 약 5분의 4를 차지할 정도야. 색깔도 냄새도 맛도 없고, 다른 물질과 잘 반응하지 않는 성질이 있어. 우리가 숨을 쉴 때에도 우리 몸속에 들어왔다가 그대로 빠져나가지. 이런 성질 때문에 과자를 포장할 때도 질소를 써. 음식물을 실온에 보관하면 산소와 반응해 맛이 변하고 상하기 쉬운데 질소가 이를 막아 주거든. 대신 높은 온도에서는 다른 물질들과 반응해서 암모니아나 산화 질소 등을 만들지. 특히 산화 질소는 자동차 엔진의 뜨거운 열 때문에 만들어지는데 공기를 오염시키는 물질이란다.

방자

암모니아가 도대체 뭡니까요?

몽룡

암모니아는 질소 1개와 수소 3개가 만나 만들어진 물질이란다. 색깔은 없지만 자극적인 냄새가 나는 기체야. 네놈의 오줌과 똥에서 나는 지독한 냄새가 바로 이것 때문이지. 밭에 뿌리는 거름에서 지독한 냄새가 날 때가 많지? 거름은 주로 동물의 배설물로 만드는데, 동물 배설물에 암모니아가 녹아 있기 때문이란다. 식물에게 필요한 질소 영양분은 이렇게 비료로 흡수할 수밖에 없거든.
그래서 화학 공장에서 만들어 낸 암모니아의 80퍼센트 정도는 비료에 쓰인단다. 알겠느냐?

2막

춘향, 불 없이
유자차를 끓이다

집으로 돌아간 몽룡은 방 안에 앉아 허공만 바라보았다. 과거도 얼마 남지 않았는데 책은 머릿속에 안 들어오고 춘향이 모습만 눈앞에 아른거렸다. 냉수 한 잔 마시고 속 차려 공부하려고 하면 춘향이 얼굴이 물 위에 둥둥 떠다닐 지경이었다.

하루하루 바짝바짝 말라가는 몽룡의 모습을 차마 눈 뜨고 지켜볼 수 없었던 방자는 춘향을 만날 묘책을 생각해 냈다.

"도련님, 그만 앓아누우십시오! 춘향 아씨를 만날 좋은 비책이 제게 있습니다요."

그러자 내일 당장 죽을 것처럼 앓아누웠던 몽룡이 벌떡 일어났다.

"에구머니!"

멀쩡한 몽룡의 모습을 본 몽룡의 어머니가 깜짝 놀라 소리쳤다. 비실대던 아들이 일어나 옷을 입고 머리를 손질하고 있었던 것이다. 몽룡은 태연하게 웃으며 말했다.

"어머니, 아버지. 오늘 날씨가 무척이나 좋아서 잠깐 밖으로 나가 풍월을 즐기며 시나 지어 보고자 합니다."

"그래? 그거 좋지, 방 안에서 글을 읽는 것도 좋지만 자고로 남자란 풍류를 즐길 줄 알아야 하느니라. 남원 경치도 구경하고 좋은 시도 많이 짓고 오도록 하여라."

이 사또는 흔쾌히 허락했다.

"꽃 내음이 너무 좋구나."

몽룡이 뒷짐을 지고 걸어가면서 말했다.

"그런데 말입니다. 꽃 냄새가 어떻게 우리 코로 들어오는 거죠?"

방자가 머리를 긁적이며 물었다.

"냄새를 내는 아주 작은 알갱이가 있단다. 그걸 분자라고 부르지. 공기 중에 퍼져 나간 분자들이 우리 코로 들어와 우리가 냄새를 맡을 수 있게 되는 거란다."

"그렇군요."

"하지만 방자야."

"네, 도련님."

"이 세상 그 어떤 꽃도 춘향이보다 향기롭진 못할 게다. 아, 춘향 낭자는 지금쯤 어디에 있는지⋯⋯."

몽룡이 한숨을 내쉬며 말했다.

"도련님! 제가 이렇게 도련님 곁에만 있으니 제 진가를 모르시나 본데, 이래 봬도 제가 발이 꽤 넓습니다요. 도련님께서 그렇게 꿈꾸시던 춘향 아씨의 모친, 월매가 경영하는 카페가 곧 나옵니다."

몽룡과 방자가 골목을 돌자 카페가 보였다.

"도련님, 여기예요. 넓은 앞마당, 넓고 아늑한 실내, 아치 모양의 문은 마치 천국에 온 느낌이지요? 둘이 놀다가 하나가 죽어도 모를 만큼 멋진 무대와 화려한 조명, 이 아래에서 춤추고 노래하다 보면 정말 천국이 따로 없겠지요?"

"남원에 이런 멋진 공간이 있었다니!"

몽룡이 넋을 잃고 감탄하였다.

"도련님, 저기 춘향 아씨가 오십니다요. 도련님, 파이팅!"

몽룡은 방자에게 등을 떠밀려 얼떨결에 앞마당에 마련된 무대 위로 올라갔다. 몽룡도 그런 기회가 싫지 않았는지, 온갖 폼을 잡고 턱에 힘을 주었다.

몽룡이 피아노를 치면서 노래를 부르자 춘향은 발걸음을 멈추고 몽룡의 모습을 바라보았다. 두 사람에게 관심 없는 척 걸레질을 하던 향단이도 잠시 멈추고 노래하는 몽룡의 모습을 뚫어져라 바라보았다.

"아씨, 의외로 몽룡 도련님이 노래를 잘하시네요. 마치 은쟁반에 말똥 구르는 듯이 맑고도 구슬픈 목소리이십니다요."

향단이 몽룡을 가리키며 말했다. 춘향은 아무런 대꾸도 없이 멍하니 몽룡을 바라보았다. 노래를 마친 몽룡이 춘향이에게 다가왔다.

"춘향아! 너는 어느 서당에 다니느냐?"

몽룡이 물었다.

"버드나무 서당에 다닙니다."

"한양에서 이사 온 지 얼마 되지 않아 아직 서당을 못 정했는데, 남원에 살게 되었으니 내일 당장이라도 버드나무 서당으로 전학을 해야 할 것 같구나."

몽룡은 멋쩍은 미소를 지으며 탁자 위에 있는 유자차를 들었다.

"이런, 차가 다 식었잖아!"

몽룡이 찻잔을 탁자에 내려놓았다. 그러자 춘향이 손뼉을 두 번 치더니 곧이어 향단이가 커다란 얼음과 뚜껑이 있는 유리통을 들고 왔다.

"이게 뭐 하는 것이냐? 차가 식었는데 얼음이라니. 얼음으로 온도를 더 낮출 셈이냐?"

몽룡이 눈을 치켜뜨며 말했다.

"제가 차를 따뜻하게 다시 끓여드리겠습니다."

"지금 장난하는 것이냐? 어찌 얼음으로 차를 끓인단 말이냐?"

춘향은 몽룡의 말에 대꾸도 하지 않고 몽룡이 먹다 남긴 유자차를 유리통 안에 넣고 뚜껑을 닫더니 유리통 위에 커다란 얼음을 올려놓았다. 잠시 후 기포가 생기면서 유리통 안의 유자차가 끓기 시작했다. 춘향은 뚜껑을 열어 몽룡의 잔에 끓고 있는 유자차를 부어 주었다.

"대단한 마술이구나!"

몽룡은 믿기지 않은 표정을 지으며 말했다.

"마술이 아니라 과학입니다."

춘향이 다소곳이 앉아 대답했다.

"이것이 어찌 과학이란 말이냐?"

"끓는다는 것은 물속의 물 분자가 기체인 수증기 분자로 바뀌어 기포가 되어 위로 올라가는 현상입니다."

"그건 나도 알고 있다. 하지만 물이 끓기 위해서는 열을 공급해 주어야 하는 것이 아니냐?"

"물론 그렇지요. 하지만 온도가 낮아져도 물이 끓을 수 있습니다. 유자차가 든 유리통의 뚜껑을 막고 병에 얼음을 대면 병 속 온도가 낮아지면서 압력도 낮아집니다."

"그것과 끓는 것이 무슨 관계가 있느냐?"

"물이 끓는다는 것은 증기의 압력이 외부의 압력과 같아지는 것을 의미합니다. 그러니까 얼음에 의해 기온이 내려가면 압력이 낮아지므로 끓는점이 내려가 식었던 유자차가 다시 끓는 것이지요. 산 위에 올라가면 밥이 설익는 것도 같은 이치입니다. 높은 곳에서는 기압이 낮아져 낮은 온도에서 물이 끓으니까 쌀이 잘 익지 않는 것이지요."

"정말 대단한 화학이로군."

몽룡은 춘향의 화학 지식에 넋이 나간 표정이었다.

몽룡과 함께 버드나무 서당에 다니게 된 방자는 늘 어리벙벙한 모습으로 학생들로부터 웃음을 유발하는 귀염둥이가 되었다. 또한 활발한 성격 덕분에 전교생의 인기를 한 몸에 받았다. 그래서인지 방자 곁에는 여자아이들이 떠날 날이 없었다. 그럴 때면 어느새 향단이가 나타나 빗자루를 흔들고 걸레를 던지는 통에 여자아이들은 슬금슬금 방자에게서 떨어졌다. 방자는 그런 향단이를 묵묵히 바라볼 뿐이었다.

향단은 방자가 자신을 좋아하는지 궁금해졌다. 서당에 다니기 전에는 방자가 향단이에게 삶은 고구마나 옥수수를 꼬박꼬박 챙겨 주곤 했는데 서당에 온 뒤로 무관심해져서 속이 상했다. 특히 향단이를 화나게 한 것은 방자를 쫓아다니는 춘자에게 방자가 매몰차게 대하지 못하는 점이었다. 춘자가 방자 곁에 앉아서 말을 걸고 장난을 걸면 모르는 체하면 될 것을 꼬박꼬박 받아 주는 방자의 모습이 너무 꼴보기 싫었다.

바로 그날, 서당에서 돌아온 네 사람은 둥글게 모여 앉아 삼계탕을 먹고 있었다. 향단이 머릿속은 오직 방자와 춘자 생각뿐이었다. 머릿속이 기차 화통처럼 '푹푹' 소리를 내면서 곧 폭발할 것 같았다. 향단이는 방자를 제대로 골탕 먹여야겠다고 생각했다.

"방자야, 그것 가지고 양이 차겠니? 저기 주방에 가면 솥에 한가득이다. 너 먹고 싶은 만큼 실컷 퍼 오거라."

방자는 신바람이 나 콧노래를 룰루랄라 부르며 주방으로 갔다. 과연 향단이 말대로 한 솥 가득 삼계탕이 팔팔 소리를 지르며 끓고 있었다.

"향단이가 친절하게 국자까지 넣어 두었군. 맛있겠다."

방자는 침을 꼴깍꼴깍 삼키며 입맛을 다셨다. 맛있겠다는 말을 되풀이하며 방자가 국자를 잡은 순간.

"으악~ 방자 살려!"

한참 이야기꽃을 피우던 춘향과 몽룡은 방자에게 급히 달려갔다. 방자의 손이 빨갛게 달아올라 퉁퉁 부어 있었다. 방자는 토끼처럼 깡충깡충 뛰며 괴로워했다.

"도련님! 뭔 놈의 국자가 이리도 뜨겁단 말입니까?"

"어허, 이런 칠칠치 못한 것. 그것은 열의 전도 때문이니라."

"그게 무슨 말입니까요?"

"열은 뜨거운 물체에서 차가운 물체로 이동하는 성질이 있다. 열이 이동하는 방법은 전도와 대류와 복사, 이렇게 세 가지인데 지금 이 경우는 전도에 의해 열이 너의 손에 전해진 것이니라."

"소인 무식해서 잘 모르겠습니다. 알기 쉽게 좀 설명해 주세요."

"고체 상태의 물질을 통해 열이 전해지는 것이 전도이고, 액체나 기

체 상태의 물질을 통해 열이 전해지는 것이 대류이고, 열이 빛을 통해 전달되는 것이 복사이니라. 지금은 뜨거운 삼계탕의 열이 고체인 국자를 통해 전달되어 네 손이 뜨거워진 것이니라. 특히 쇠로 된 물질은 열을 빠르게 잘 전달하는 성질이 있단다. 알겠느냐?"

"그렇다면 향단이가 일부러 쇠로 된 국자를 솥에 넣어 두고 저에게 퍼 오라고 한 것이네요."

방자는 눈을 흘기며 향단이를 쳐다보았다. 몽룡은 방자의 손에 전달된 열을 빼앗기 위해 차가운 얼음찜질을 해 주었다.

'그래, 앞으로도 한눈만 팔아 봐라. 그땐 네놈의 오른손뿐만 아니라 왼손까지도 몽땅 가만두지 않을 테니까.'

향단이는 속으로 콧노래를 불렀다.

바람이 이따금 낮은 입김만 짧게 호호 불어 델 뿐, 햇볕이 너무나 뜨거운 오후였다. 몽룡은 부모님의 눈초리에 못 이겨 억지로 책상에 앉아 보았으나 마음은 십 리 밖 콩밭에 가 있었다. 책을 뚫어지게 쳐다보아도 한 단락 진도 나가기가 버거웠다.

"온통 마음에 잡념뿐이로구나. 이렇게 햇볕 따사로운 날, 멍청하게 방 안에 들어앉아 재미없는 책과 씨름이나 하고 있다니."

몽룡은 책을 넘겨도 책을 넘기는 것이 아니요, 책을 읽어도 책을 읽는 것이 아닌 무의미하고 공허한 시간이 지겨웠다.

'마음이 콩밭에 있는데 공부가 다 무슨 소용이냐. 차라리 나가서 신나게 노는 것이 상책이지.'

몽룡은 책을 획 던져 버리고 일어섰다. 그러고는 방자를 불렀다.

"방자야, 방자야, 뭐 하니? 춘향이가 가슴에 불을 활활 지펴서 공부가 안 된단 말이다. 너는 어서 춘향 아씨에게 가 함께 소풍이나 가자고 전해라."

방자는 어쩔 수 없이 춘향의 집으로 갔다. 방자가 춘향의 집에 들어서자, 춘향 또한 몽룡과 마찬가지로 멍한 표정으로 먼 산만 바라보며 길게 하품을 하고 있었다. 주방에서 계란국을 끓이던 향단이가 방자를 발견하고는 하던 일을 멈추었다.

"춘향 아씨, 우리 도련님께서 머리도 식힐 겸 소풍이나 가자고 하십니다요."

춘향의 눈에서 번쩍 광채가 났다.

"소풍? 안 그래도 심심해서 미치기 일보 직전이었다고. 도련님께 두 시간 후에 버드나무 아래에서 뵙자고 전해 드려라. 내가 김밥 싸 들고 갈 테니 절대 점심은 드시지 말고 나오시라 일러라."

잠시 후, 버드나무 아래에서 만난 네 사람은 정자에 모여 앉아 수수께끼 놀이를 하며 신나게 놀았다. 그리고 드디어 기다리던 점심시간. 춘향이 정성 들여 싼 김치 김밥을 풀어 헤쳤다. 밥알에 김치 국물이 빨간 단풍처럼 곱게 물들어 있었다. 향단은 보온병에서 계란국을 꺼냈다.

그릇 네 개에 계란국을 나누어 붓던 향단이 갑자기 손을 멈추더니 가방에서 슬쩍 소금 통을 꺼냈다.

"뭐 하는 거야?"

춘향이 놀라 향단의 손목을 잡았다.

"쉿, 아씨는 구경이나 하십시오. 방자 놈이 오늘 춘자한테 눈길을 보내는 것이 예사롭지 않았습니다요. 혼쭐을 내 주어야지!"

향단은 뒤로 살짝 돌아앉아 방자의 국그릇에 소금 산을 쌓더니 젓가락으로 휘휘 저어 바닷물을 만들었다. 배가 고팠던 몽룡과 방자는 김밥을 젓가락으로 집어 날름 한입에 넣었다. 몽룡이 향단이가 퍼 놓은 계란국 그릇을 덥석 집어 자기 앞에 놓았다. 조금 전 향단이가 소금을 왕창 넣은 국이었다. 춘향은 방자가 알아채지 못하게 몽룡이 소금국을 먹지 않게 할 암호를 생각해 냈다.

'아, 그렇지! 역시 난 천재야.'

춘향은 준비해 간 반찬 통에서 메추리알을 꺼내 몽룡의 국에 담갔다. 메추리알이 통통배처럼 물 위를 둥둥 떠다녔다. 몽룡은 잠시 멈칫하더니 춘향의 행동을 잠자코 지켜보았다.

"방자야, 요즘에는 계란국에 메추리알을 띄워서 먹는 게 유행이란다. 어서 먹어 보거라."

몽룡이 자기 앞에 놓인 국을 방자에게 권하며 말했다. 양이 가장 많은 국을 먹게 된 방자는 룰루랄라 콧노래를 부르며 국그릇을 손으로 잡고 보약 마시듯이 벌컥 들이켰다.

"우에엑! 퉤퉤!"

방자가 국을 뱉으며 소리를 질렀다. 세 사람은 방자를 보고 배꼽을 잡고 웃었다.

"왜 이렇게 짜다냐! 바닷물이 따로 없구먼. 향단이 네 짓이지?"

향단이 새침하게 고개를 돌렸다.

"방자야. 너무 노여워하지 말거라. 보면 모르느냐. 메추리알이 뜬다는 것은 이 용액의 소금 농도가 진하다는 것을 말한다. 일반적으로 소

금 농도가 진할수록 용액의 밀도가 커지게 되지. 소금의 농도가 진해지면 용액의 밀도가 메추리알의 밀도보다 커져 메추리알이 둥둥 떠 있는 것이다. 그러니까 몽룡 도련님은 내가 메추리알을 띄우는 것을 보고 이 국에 소금이 너무 많이 용해되어 있어 먹을 수 없다는 것을 눈치채고 네 국과 바꾼 것이지. 그러니 양반이든 상놈이든 배워야 산다는 교훈을 얻지 않았느냐? 그러니 향단이가 과학 지식을 알려 준 점을 고마워하거라."

춘향이 단호한 어투로 말했다. 방자는 곰곰이 생각하다 춘향이 말이 옳다 싶어 향단이에게 사과했다.

"고마워, 네 덕분에 공부 하나 더 하게 됐어."

순진하고 어리벙벙한 방자의 모습을 보고 모두 웃음을 참았다.

더 알아보기

몽룡

춘향아, 압력에 대해 설명해 줄 수 있겠느냐?

춘향

'누르는 힘'을 면적으로 나눈 것을 유식한 말로 압력이라고 하지요. 특히 과학에서는 수직으로 누르는 힘을 힘이 작용한 면적으로 나눈 것을 압력이라고 합니다. 그래서 힘의 크기가 클수록, 힘을 받는 면적이 작을수록 압력이 큽니다. 흔히 기체는 압력이 없다고 생각하기 쉽지만, 기체도 압력을 가지고 있어요. 기체의 압력은 기체 입자의 개수가 많을수록, 기체가 들어 있는 용기의 부피가 작을수록, 온도가 높을수록 커진답니다. 주사기의 바늘이 뾰족한 것도 압력을 크게 하기 위해서입니다.

몽룡

그럼 끓는점은 무엇이냐?

춘향

물을 계속해서 가열하면 온도가 점점 올라가다가 100도에서 더 이상 올라가지 않고 끓기만 합니다. 그러면서 물의 양은 점점 줄어들지요. 이때가 바로 물이 수증기로 변하고 있는 때입니다. 이처럼 액체가 기체로 상태가 변하면서 온도가 일정하게 유지되는 온도를 끓는점이라고 합니다. 압력밥솥의 밥이 쫄깃쫄깃하고 맛있는 이유는 밥솥을 공기가 샐 틈이 없이 꼭 막아서 압력을 높여 끓는점을 100도보다 높게 만들어서 밥을 짓기 때문입니다.

유레카!
오줌으로 춘향이를 살리다

태양이 뜨거운 기운을 내뿜는 여름이 왔다. 푹푹 찌는 날씨가 계속되자 버드나무 서당의 학생들은 광한루 연못으로 야외 수업을 나갔다. 지루했던 서당을 벗어나서 신나게 놀 수 있는 절호의 찬스였다. 모두 시원한 연못에서 마음껏 물놀이를 즐겼다.

바로 그때, 남원 체육 서당의 덩치 큰 씨름부 학생들이 단체로 연못 속으로 뛰어들자 가득 고여 있던 연못 물이 엄청난 소리를 내며 밖으로 넘쳐흘렀다.

그러자 준비 운동도 하지 않고 입수한 학생들의 모습에 화가 난 씨름부 훈장님께서 호루라기를 불었다. 씨름부 학생들은 훈장님의 호루라기 소리에 깜짝 놀라 우르르 물 밖으로 뛰쳐나왔다. 방자가 멋진 포즈로 뛰어내리려는 순간이었다.

"방자야! 뛰어내리면 안 돼! 물이 절반 깊이로 줄어서 지금 뛰어내리면 바닥에 부딪쳐!"

몽룡이 소리쳤다. 몽룡의 말대로 씨름부가 밖으로 나가자 연못 물은 절반가량 줄어 있었다.

"도련님, 갑자기 멀쩡한 물이 왜 반으로 줄어들었죠?"

방자가 의아하다는 듯이 물었다.

"음, 그건 아르키메데스의 원리 때문이니라."

"엥? 아리키메? 그게 뭔데요?"

"아르키메데스는 고대 그리스의 유명한 물리학자다. 잘 들어라. 내가 아르키메데스 이야기를 들려주마. 어느 날 전쟁에서 승리하고 궁으로 돌아온 왕은 신에게 감사의 선물을 바치기로 했지. 왕은 100퍼센트 순금으로 만든 왕관을 신전에 바치기로 결심하고 금관을 제작할 세공인에게 순금 덩어리를 건네주었어. 욕심 많은 세공인은 금을 조금 빼돌리고 은을 섞어 금관을 만들어 왕에게 바쳤지. 얼마 후 세공인이 은을 섞어 금관을 만들었다는 소문이 퍼지자 왕은 아르키메데스에게 금관이 순금인지 아닌지를 조사하라고 시킨 거야. 이 문제를 골똘히 생각하던 아르키메데스가 어느 날 물이 가득 찬 목욕탕에 들어갔는데 그때 탕 밖으로 물이 넘쳐흐르기 시작했지. 그러자 그는 '유레카'를 외치면서 알몸으로 집까지 뛰어갔어."

"'유레카'가 무슨 뜻이죠?"

"'발견했다'라는 뜻이야."

"그래서 아르키머시기가 은을 섞었는지를 알아냈나요?"

방자가 머리를 긁적이며 물었다.

"아르키머시기가 아니라 아르키메데스다, 이 멍청아!"

향단이가 비아냥거렸다.

"나도 알아! 아르키…… 음, 메데스."

방자는 힘들게 아르키메데스의 이름을 떠올렸다. 방자와 향단이의
대화를 조용히 듣고 있던 춘향과 몽룡이 웃음보를 터트렸다. 그리고

몽룡의 설명이 계속되었다.

"그럼 하던 얘기 계속하자꾸나. 아르키메데스는 물이 가득 담긴 통속에 금관을 넣어 보았어. 그리고 이때 넘친 물의 부피가 금관의 부피와 같다는 것을 알아냈지. 그래서 그는 왕관과 같은 무게의 금덩어리와 은덩어리를 물에 넣었어. 그러자 은덩어리를 넣었을 때 물이 가장 많이 넘쳐흘렀고 다음으로는 금관, 마지막으로 금덩어리의 순서로 물이 넘쳤지. 아르키메데스는 이 실험으로 금관이 금으로만 이루어진 것이 아니라는 것을 알아낸 거야. 만일 금관이 금으로만 만들어졌다면 같은 무게의 금덩어리를 넣었을 때와 같은 부피의 물이 넘쳐흘렀을 테니까 말이야."

"넘쳐흐르는 물로 그런 걸 알아내다니, 정말 대단하네요."

"그나저나 이제 물이 빠져 다이빙은커녕 수영하기도 힘들겠구나."

다음 날 몽룡은 수업이 끝나자마자 곧바로 춘향의 집으로 향했다. 어제 야외 수업을 하고 춘향이가 감기 몸살로 앓아누워 서당에 나오지 못했기 때문이다. 향단이는 꾸벅꾸벅 졸면서 춘향을 간호하고 있었다. 몽룡은 향단이를 잠시 눈을 붙이라고 보내고 춘향이 옆을 지켰다.

"으악! 뜨거워! 이마가 불덩이야!"

몽룡은 춘향의 이마를 만지작거리며 말했다.

"이러다가 춘향이 숨넘어갈 것 같아. 어떡하지. 방자야! 춘향이 체온을 재 봐야겠다. 온도계를 가지고 오너라."

방자는 부리나케 온도계를 들고 왔다. 몽룡은 온도계를 춘향이 겨드랑이에 끼웠다.

"이런, 체온이 39도야! 불덩어리군. 열부터 내려야겠어."

몽룡은 곧바로 얼음물을 준비했다. 얼음물에 수건을 빨아 춘향의 이마에 올려 두니 시간이 지날수록 수건이 미지근해졌다. 몽룡은 다시 얼음물에 수건을 빨아 춘향의 이마에 올려 두었다. 이러기를 여러 번, 춘향의 체온이 서서히 낮아졌다. 춘향이 한참만에 눈을 떴다.

"도련님이 저를 살려 주셨군요."

춘향이 사랑스러운 눈빛으로 몽룡을 바라보며 말했다.

"그런데 도련님, 어떻게 수건 한 장으로 춘향 아씨를 살려 내셨습니까요?"

호기심 많은 방자가 물었다.

"열의 성질을 이용했느니라. 열이란 온도가 높은 물체에서 온도가 낮은 물체로 이동하는 에너지를 말한다. 그러니까 뜨거운 물과 차가운 물을 섞으면 뜨거운 물에서 차가운 물로 열의 이동이 일어나 뜨거운 물은 온도가 내려가고 차가운 물은 온도가 올라가 양쪽 모두 미지근한 물이 되는 것

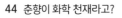

이지!"

몽룡이 춘향을 다정스러운 눈빛으로 쳐다보며 말했다.

"그렇다면 차가운 얼음물에 적신 수건은 차가운 물체이고 불덩어리가 된 춘향 아씨의 이마는 뜨거운 물체니까 열이 춘향 아씨 이마에서 차가운 수건으로 이동했겠군요?"

방자가 자신 있게 말했다.

"방자 이놈 날 따라다니더니 제법이구나. 네 말대로 춘향의 열이 차가운 수건으로 이동하여 몸의 온도는 내려가고, 수건은 열을 얻어 미지근해진 것이다. 이 방법으로 춘향의 열을 내려 체온이 정상이 되게 한 것이니라."

몽룡이 아직 힘이 없어 보이는 춘향을 측은한 듯 바라보았다.

다음 날, 몽룡의 집에는 심상치 않은 기운이 감돌았다.

"방자야, 방자야!"

마당에서 비질하던 방자가 마님의 부름에 재빨리 달려갔다.

"무슨 일입니까요?"

"얼른 몽룡이를 데려오너라."

마님의 목소리도 평소와 달랐다.

'우리 도련님의 어떤 죄가 탄로 난 걸까? 이러다 죄 없는 나까지 혼나는 거 아니야?'

방자는 몽룡을 데리러 가는 내내 이런저런 생각을 했다.

한편, 몽룡은 춘향과 월매의 카페에서 새로운 동치미 음료 개발에 힘을 쏟고 있었다.

"동치미의 시원한 맛에 톡톡 쏘는 맛이 들어가면 정말 개운할 텐데. 이산화 탄소가 왜 이렇게 잘 녹지 않을까? 어디서부터 어떻게 잘못된 건지 모르겠단 말이야."

몽룡이 동치미 국물을 홀짝이며 말했다.

"도련님! 마님이 급하게 찾으십니다!"

"때가 되면 집에 간다고 말씀드려라."

몽룡은 방자를 쳐다보지도 않고 쏘아대듯 말했다.

"안 됩니다! 꼭 데려오라 하셨습니다요."

몽룡이 설탕을 젓던 손을 멈추었다. 몽룡은 집으로 가는 내내 그동안 글공부를 게을리한 것이 마음에 걸렸다. 집에 다다른 몽룡은 곧바로 아버지가 계시는 사랑으로 들어갔다.

"아버지, 몽룡입니다."

"그래, 너는 도대체 요즘 어디를 날마다 쏘다니느냐?"

아버지가 크게 화를 내며 몽룡을 꾸짖었다.

"한양에서 동부승지의 교지가 내려왔다. 그래서 이번에 남원 생활을 몽땅 정리하고 한양으로 올라갈 생각이다."

몽룡은 갑작스러운 아버지의 말씀에 벼락을 맞은 듯 화들짝 놀랐다.

홀로 남을 춘향이를 생각하자 가슴이 답답해지고 두 눈에 눈물이 가득 고였다. 정들자 이별이라더니, 몽룡은 머릿속이 아찔하였다.

'그래, 과거에 합격해서 춘향이랑 오래오래 행복하게 살겠어!'

몽룡은 이렇게 결심하고 한양에 가기 전 춘향과의 추억 여행을 계획했다. 하지만 남녀가 유별한 조선 땅에서 춘향과 단둘이서만 여행을 갈 수는 없는 일, 결국 방자와 향단이를 함께 데리고 갈 수밖에 없었다.

"도련님, 저도 여행에 데려가신단 말씀입니까? 그것도 우리 향단이와 함께?"

"그래. 지금 당장 장에 가서 여행 용품을 사 오너라."

몽룡의 말이 끝나기 무섭게 방자는 어깨를 덩실거리며 장으로 갔다.

"방자야! 왜 그렇게 신이 났니?"

마침 장 구경을 나온 춘자가 방자에게 말을 붙였다.

"우리 도련님이랑 춘향 아씨랑 향단이랑 함께 여행가거든."

"여행?"

춘자는 추향이에게 한걸음에 달려가 방자에게 들었던 이야기를 모두 전했다. 추향은 춘향만 없다면 버드나무 서당에서 자신이 미모나 지성으로나 일인자일 것이라고 착각하며 사는 처자였다.

"오호! 이건 하늘이 주신 기회다. 이런 기회를 내가 놓칠 리 없지. 얼굴 좀 예쁘고 화학 좀 한다고 그동안 나를 깔아뭉갰겠다. 춘향이를 절대 가만둘 수 없어."

추향은 두 주먹을 불끈 쥐었다.

다음 날, 아무것도 모르는 몽룡 일행은 즐겁게 여행길에 나섰다.

몽룡은 춘향과의 헤어짐이 매우 아쉬웠다. 그에 반해, 방자와 향단이는 신나게 술래잡기를 하고 뛰어다니기에 바빴다. 한편, 추향이와 춘자는 지도를 들고 조심스럽게 몽룡 일행의 뒤를 쫓아가고 있었다.

"춘자야! 작전 개시!"

"엥? 무슨 작전?"

춘자는 고개를 갸우뚱거렸다.

"표지판 바꾸기 작전이야. 이제 재들이 이 길목으로 올 거야. 왼쪽으로 가면 재들이 묵을 남원 펜션이 나오지만 오른쪽으로 가면 물 한 방울 찾을 수 없는 메마른 사막처럼 썰렁한 숲이야. 그 길은 오래전에 폐쇄된 곳이라 사람들의 출입도 없고, 해가 지면 곧 암흑세계가 될 거야. 그러면 춘향이 세상도 이제 끝이다. 봄날은 가고 추향이의 세상이 온다 이 말씀이지. 하하하!"

추향이 숨 넘어갈 듯 크게 웃더니 남원 펜션으로 향하는 표지판을 오른쪽으로 돌려놓았다. 잠시 후 몽룡 일행은 표지판이 있는 길목에 도착했다.

"도련님, 저희는 여기서 조금 더 놀다가 갈게요."

향단이와 조금 더 놀고 싶었던 방자가 몽룡에게 말했다.

"좋다. 그럼 여기서 잠시 헤어졌다가 땅거미가 어둑어둑 낮게 내려앉을 때쯤 펜션에서 만나자꾸나."

몽룡의 말이 끝나기 무섭게 방자는 향단의 손을 잡고 신나게 뛰어갔다. 몽룡과 춘향은 표지판이 바뀐 사실을 까맣게 모른 채 오른쪽 길로 접어들었다. 그때 몽룡이 발길을 멈추고 춘향을 바라보았다.

"춘향아, 내 너를 두고 한양으로 떠날 생각을 하니 가슴이 미어지는구나."

몽룡이 차마 말을 잇지 못하고 말꼬리를 흐렸다.

"도련님, 대체 무슨 말씀이세요. 한양으로 떠나다니요? 그것도 저만

남원에 남겨 두고 가신다니, 그게 무슨 말씀이세요?"

춘향이 울먹이며 말했다.

"우리 아버지께서 임금님의 명을 받들고 동부승지로 승진하여 곧 온 가족이 한양으로 떠나게 되었다. 내가 꼭 과거에 합격해서 너를 데리러 오겠다. 나를 기다려 주겠니?"

"도련님이 말씀 안 하셔도 도련님 마음 다 알아요. 부디 몸 건강히 잘 다녀오세요."

춘향이 눈물을 참으며 말했다. 그리고 두 사람은 펜션을 향해서 계속 걸었다.

'펜션이 왜 안 보이지?'

몽룡의 마음이 조급해졌다. 시간이 한참 지나자 춘향은 힘이 드는지 갑자기 거칠게 숨을 몰아쉬었다.

"춘향아, 왜 그래?"

"도련님, 조금만 천천히, 아니 쉬었다가 걸어가요. 그리고 물을 좀……."

'아무도 없는 숲속에서 어떻게 물을 찾지?'

몽룡은 마음이 불안해졌다. 그때 몽룡의 머릿속에 번뜩이는 생각이 떠올랐다.

몽룡은 배낭에서 종이컵 몇 개와 비닐봉지 몇 장을 꺼냈다. 몽룡은 춘향을 나무 옆에 눕히고 흙을 약간 파서 웅덩이를 만든 다음, 바닥에

비닐을 깔고 조심스럽게 비닐 위에 오줌을 누었다. 그러고는 종이컵을 웅덩이 가운데 단단히 고정했다.

오줌이 웅덩이를 채워 연못을 만들었고 종이컵 안은 비어 있었다. 몽룡은 웅덩이를 비닐로 다시 덮었다. 한낮의 뜨거운 태양 빛이 비닐을 통해 오줌 연못에 전해졌다.

'이제 조금만 기다리면 이 세상에서 가장 깨끗한 물을 춘향에게 먹일 수 있을 거야.'

춘향은 지쳤는지 잠이 들었다.

"물…… 물……."

어느덧 밤이 되자 춘향이 잠에서 깨어 다시 물을 찾았다. 몽룡은 비닐을 벗기고 종이컵 속에 담긴 맑은 물을 새 종이컵에 따랐다.

"춘향아! 이 물을 마셔 보아라."

춘향은 물을 벌컥벌컥 소리 내어 마셨다.

"이렇게 맛있는 물은 처음 먹어 봐요."

"그게 실은……."

거짓말을 잘 못하는 몽룡은 할 말이 있는 사람처럼 머뭇거렸다.

"도련님, 무슨 일 있으세요?"

춘향이 걱정스러운 듯 물었다.

"춘향아, 사실 네가 조금 전에 맛있게 먹은 물은 나의 오줌이다."

"뭐라고요?"

춘향은 웩웩대며 마신 물을 토해 내려 했다.

"하지만 그 물은 이 세상에서 가장 깨끗한 물이야. 오줌의 성분은 하나도 없단 말이야."

"그걸 어떻게 믿으라는 거죠?"

춘향이 몽룡을 째려보며 물었다.

"이 숲에서는 물을 구할 방법이 없었어. 그래서 오줌에서 물을 뽑아내는 방법을 쓰기로 했지. 이 방법은 바닷물에서 소금을 얻는 방법과 같아. 바닷물은 물속에 소금이 녹아 있는 소금물이야. 그런데 바닷물을 받아 햇빛이 잘 비치는 곳에 놔두면 시간이 지나면서 물은 증발하여 사라지고 소금만 남게 되지. 나는 바로 이 증발을 이용하여 오줌에서 순수한 물만을 뽑아낸 거야."

"어떻게요?"

춘향은 아직도 몽룡의 말이 믿어지지 않았다. 자신이 오줌을 먹은 것만 같아 속이 불편한 느낌이 들었다.

"땅속에 비닐을 깔고 오줌을 모아 둔 후 그 가운데에 빈 컵을 놔두고 다시 비닐로 덮어 낮 동안 놔두면 종이컵에는 순수한 물만 고이게 돼. 오줌 속에 있던 순수한 물은 햇빛이 만든 열에너지를 받아 증발하지.

바닷물에서 소금을 얻을 수 있다면 식수도 얻을 수 있겠지? 내가 쓴 방법대로 바닷물을 받아 놓을 그릇과 그 위에 증발할 물이 담길 그릇, 그리고 그 위를 덮을 것만 있다면 무인도에서도 얼마간의 식수는 구할 수 있을 것이야."

몽룡이 용기를 내어 오줌으로 만든 물의 원리를 설명했다. 춘향은 더 이상 마신 물을 억지로 토해 내려고 하지 않았다.

"도련님께서 저를 살리기 위해 이렇게까지 애를 쓰셨다니, 정말 황송합니다. 그 마음도 모르고 오줌이라는 말에 제가 그만 큰 실례를 했습니다."

"아니다, 춘향아! 오줌이라는 말에 당연히 그럴 수 있지. 하지만 이제는 안심하지 않느냐?"

춘향은 몽룡이 자신을 생각하는 마음을 떠올리자 없던 기운이 돌아오는 듯했다.

"어, 저기예요! 저기! 우리 도련님과 아씨가 맞아요!"

그때 멀리서 방자의 소리가 들렸다. 순간 눈이 부셔 몽룡과 춘향은 눈을 뜰 수 없었다. 방자와 향단이 그리고 그 뒤로 주황색 옷을 입은 사람들이 우르르 몰려왔다.

"안심하십시오. 우리는 남원 구조대입니다."

얼굴에 주름이 가득한 남자가 말했다. 이렇게 해서 추향의 야심 찬 작전은 실패로 돌아갔다.

더 알아보기

방자

열이 이동하면 물질의 상태가 변한다고요? 정말입니까?

몽룡

오냐, 좋은 질문이다. 물질의 상태를 고체와 액체와 기체로 나누는 건 알고 있지?

이 상태들의 큰 차이점은 물질을 이루는 분자들 사이의 거리란다. 분자 사이의 거리가 가장 가까운 것이 '고체'이고, 그다음이 '액체' 그리고 '기체'이니라. 고체에 열을 계속 가하면 온도가 점점 올라가겠지? 그럼 분자들의 균형이 깨지면서 액체가 되고, 그 액체에 계속해서 열을 가하면 기체가 되는 것이지.

반대로 열을 뺏으면 기체가 액체로, 액체가 고체로 되겠지? 기체 상태의 분자는 액체 상태의 분자보다 서로 더 멀리 떨어져 있기 때문에 조금만 힘을 주어도 쉽게 부피가 변한단다.

춘향

오줌에서 깨끗한 물을 얻는 증발의 원리가 무엇인가요?

몽룡

물 분자가 에너지를 받아 온도가 올라가면서 기체인 수증기로 변하여 공기 중으로 올라가는 과정을 증발이라고 하지. 여기서 에너지는 바로 태양에서 온 열에너지란다. 오줌이 증발하면서 빠져나온 수증기가 비닐에 막혀 나가지 못하고 근처에 모여 있다가 밤이 되어 기온이 내려가면 열을 잃어버리게 된단다. 그럼 다시 물방울로 변해 비닐에 붙어 있다가 물방울들이 모여 무거워지면 아래로 떨어지게 되지.

이렇게 컵 속에 고여 있는 것은 이 세상에서 가장 깨끗한 물이야.

월매 카페의 신 메뉴
동치미 토닉!

"엄마, 이게 무슨 일이에요? 갑자기 손님이 이렇게 없다니, 어떻게 된 일이에요?"

서당 공부가 끝나고 엄마의 일을 돕기 위해 카페로 들어선 춘향이 깜짝 놀라며 월매에게 물었다.

"요 앞에 새로운 카페가 생겼는데 모두 그 가게로 몰려가는구나. 장사 곧 접어야겠어."

월매가 힘없는 목소리로 말했다.

춘향은 어떻게 된 일인지 알아보기 위해 새로 생긴 '어서 와 카페'로 향했다. 카페는 수많은 사람들로 북새통을 이루었다.

'도대체 왜 이렇게 사람이 많은 거지?'

춘향은 구석진 자리에 앉아 메뉴판을 펼쳤다. 다양한 요구르트 음료들이 보였다. 춘향은 맨 위에 적힌 '어서 요구르트'를 주문했다. 잠시 후, 하얗고 걸쭉한 요구르트가 나왔다. 춘향은 숟가락으로 요구르트를 떠먹어 보았다.

"오호, 정말 신기하네! 입안에 감도는 이 부드러움, 눈에 미끄러지듯 목에서 술술 미끄러져 내려가는 이 느낌. 우리 동치미 음료로는 이 요구르트와 상대할 수가 없겠어."

춘향이 요구르트 맛에 감탄하고 있을 때 추향이 다가왔다.

"네가 여긴 왜?"

춘향은 추향을 보고 놀라 물었다.

"여긴 우리 삼촌 카페야. 어때 맛있지? 너희 동치미랑은 비교도 안 되지? 우리 요구르트는 변비에도 좋아. 그래서 스트레스 심한 직장인들이 단골이 되었지. 너희 가게는 곧 망하게 생겼던데, 우리 카페에서 아르바이트나 하렴. 내가 아르바이트 수당은 잘 쳐 줄게."

춘향은 아무 말도 할 수 없었다. 추향의 말대로 요구르트 맛은 훌륭했기 때문이었다. 춘향은 풀이 죽은 채 가게로 돌아갔다.

"춘향아, 왜 이렇게 기운이 없니?"

"도련님도 눈이 있으면 주위를 살펴보세요. 사람은 없고, 똥파리만 가득 날리고 있잖아요. 이 가게는 아버지께서 마지막으로 주고 가신 걸로 차린 거예요. 엄마랑 내가 살아갈 마지막 희망이라고요."

춘향이 힘없는 목소리로 말했다. 그런데 몽룡은 그런 춘향을 보고 말없이 웃을 뿐이었다.

"난 정말 심각하다고요! 우리 집 생계가 걸린 일이에요."

"너답지 않구나. 춘향이가 그렇게 괴롭혀도 꿈쩍하지 않던 네가 이렇게 풀이 죽어 있다니. 눈에는 눈, 이에는 이! 모르느냐?"

"아하! 우리가 함께 개발하던 동치미 토닉, 그걸 깜박했네요!"

그날로 춘향과 몽룡은 동치미 토닉 완성에 혼신을 다했다. 둘의 집중력은 놀라웠다. 옆에서 방자가 방귀를 뀌고, 향단이 트림을 하여도 끄덕 하지 않고 열심히 연구에 몰두했다. 그렇게 며칠을 밤새워 실험을 하던 몽룡이 소리쳤다.

"드디어, 성공했어!"

몽룡은 조그만 유리병에 담긴 동치미를 춘향에게 건넸다. 춘향이 코르크 마개로 된 병뚜껑을 열어 동치미를 컵에 따랐다. 보글보글 거품이 일어나면서 동치미 국물이 톡톡 튀어 올랐다. 춘향이 먼저 맛을 보았다.

"정말 대단해요! 시원한 동치미가 혓바닥을 톡톡 치는 것 같아요. 여름 음료로 짱이에요."

춘향이 환한 웃음을 지었다.

"그게 바로 기체 이산화 탄소의 작용이지."

몽룡이 말했다.

"마침내 이산화 탄소를 동치미에 녹이는 데 성공한 거예요?"

"지난번에는 보통의 압력에서 이산화 탄소를 녹이려고 해서 안 되었던 것 같아. 논문을 뒤져 보니 이산화 탄소 같은 기체는 압력을 높여 주면 물에 녹을 수 있다고 하더군. 그래서 이산화 탄소를 높은 압력에서 용해한 후 동치미 국물 속에 넣어 보았지!"

"그럼 이 톡톡 튀는 게 이산화 탄소인가요?"

"그래, 바로 톡 쏘는 동치미 맛의 정체가 이산화 탄소야. 마개를 열면 압력이 낮아지니까 녹아 있던 기체들이 밖으로 튀어나오는 거야. 이렇게 기체가 녹는 정도를 용해도라고 해. 압력이 높으면 기체의 용해도가 커지고 압력이 작아지면 기체의 용해도가 작아진다는데, 좀 더 연구 중이야."

"압력이 문제였군요. 이 동치미 토닉이라면 추향이 가게의 요구르트를 이길 자신이 있어요."

춘향이 다시 동치미 토닉의 톡 쏘는 맛을 음미했다. 방자와 향단이도 달려와 동치미 토닉의 맛을 보았다.

"아니~ 이럴 수가! 정말 황홀한 맛이에요."

"향단아, 이 동치미 토닉은 마치 너와 같구나. 중독성 있단 말이야. 톡톡 튀는 기체가 꼭 네가 쏘아붙이는 것처럼 따끔하지만 매력적이란 말씀이야."

방자 말에 모두 까르르 웃음보를 터트렸다.

"그래, 방자 말이 맞다. 우리 동치미 토닉의 이름을 '러브 스토리'라고 하면 어떨까?"

"러브 스토리? 그것 정말 좋은 생각입니다요."

그리하여 새로 개발된 동치미 토닉은 '러브 스토리'라는 이름으로 월매 카페의 새로운 효자 메뉴가 되었다.

"삼촌, 이상해. 사람들 발길이 왜 이렇게 뜸하지?"

텅 빈 '어서 와 카페' 안을 둘러보던 추향이 삼촌 화생에게 말했다.

"그래, 이상하구나. 애들 시험이 끝나면 더 몰릴 거라고 생각했는데 말이야."

이상한 기분이 든 추향은 서둘러 춘향의 가게로 가 보았다. 춘향의 가게 안에 들어서니 자리가 없어 사람들이 줄지어 늘어서 있는 게 아닌가. 추향이 무턱대고 가게 안으로 들어서자 줄 서 있던 어느 도령이 화가 나서 소리쳤다.

"어허, 줄을 서시오!"

"아직 '러브 스토리'가 여유 있으니 천천히 번호표를 받으시고 기다리시기 바랍니다!"

향단이 추향이에게 말했다.

"근데, 너 변비는 다 나았니?"

추향이 소리를 친 도령에게 물었다.

"아니요. 다 안 나았는데요."

"그런데 왜 요구르트 마시러 우리 집에 안 오는 거니?"

그러자 도령이 기가 찬 듯이 웃었다.

"내가 어린애처럼 보이나 본데, 그런 요구르트는 솜털이 보송보송한 아가들이나 먹는 거라고요. 요새는 '러브 스토리'가 짱이라오."

"여러분, 시험 치신다고 정말 수고 많으셨습니다. 지금부터 '러브 스토리'를 가장 맛있게 드시는 분에게 한 병을 공짜로 드립니다!"

향단이 무대에서 마이크를 잡고 말했다. 모두 박수를 치며 환호했다. 사람들은 '러브 스토리'를 맛있게 먹을 수 있다며 무대로 달려갔다.

추향은 이리 치이고 저리 치였다. 짜증이 난 추향은 결국 춘향의 가게를 나와 삼촌에게 쪼르르 달려갔다.

"삼촌, 또 춘향이 고것이야. 춘향이 고것이 새로운 음료를 개발하고 거기다가 이벤트를 만들어서 사람들이 그 카페로 우글우글 몰려들었다고. 또 춘향이에게 지고 말았어!"

추향의 말이 끝나자 화생은 홱 하고 돌아앉았다.

"삼촌은 화도 안 나? 춘향이 고것 때문에 삼촌이 개발한 그 음료도 결국 쫄딱 망해서 거지꼴이 될 거라고!"

"시끄럽다! 내가 그동안 너를 오냐오냐하고 키웠더니 날 물로 아느냐? 이래 봬도 난 과학과 발명에 이 마을에서 둘째가라면 서럽다는 화생이야. 어디 어린 것들 따위와 비교하느냐."

화생이 흥분하여 소리쳤다. 하지만 화생의 마음은 무거웠다. 몇 년을 바쳐 연구한 요구르트가 춘향이 때문에 한순간에 무너져 내리다니, 사실 속이 까맣게 타들어 가고 있었다.

어느덧 시간이 흘러 몽룡과 춘향에게도 작별의 시간이 다가왔다. 몽룡이 떠날 날을 잡고 하루하루 세어 보니 한숨만 나왔다.

'내가 없으면 우리 춘향이를 누가 보호해 준단 말이냐. 한양에 가 있을 시간이 너무 길고 야속하구나.'

몽룡의 눈에 눈물이 아른거렸다.

'슬픔으로 이 짧은 시간을 보낼 수는 없지. 우리 춘향이를 위해 평생 잊지 못할 특별 이벤트를 마련해야겠다.'

춘향은 몽룡이 자신을 위한 이벤트를 준비하는 것을 알고 있으면서도 모른 척하며 이런저런 기대를 하면서 몽룡이 부른 곳으로 갔다.

몽룡이 '짜잔' 하고 외치며 춘향의 눈을 가린 손을 풀었다. 하지만 춘향은 실망한 마음을 감출 수 없었다. 잔뜩 기대를 했건만 눈앞에는 삶은 달걀 한 개가 전부였다. 춘향은 아무 말 없이 달걀 껍데기를 벗겼다. 그런데 속살을 드러낸 달걀흰자 위에 글자가 새겨져 있었다.

I ♡ U

춘향의 눈에서 또르르 감동의 눈물이 흘렀다.

"껍데기로 둘러싸인 달걀 안에 어떻게 글자를 새기신 겁니까? 분명 껍데기는 그대로 싸여 있었는데?"

춘향이 신기한 듯 흰자에 새겨진 글씨를 보며 물었다.

"간단해. 달걀 껍데기는 탄산 칼슘이 주성분이야. 달걀 껍데기에 빙초산으로 글씨를 쓰면 둘이 반응하여 달걀 껍데기 안에 이산화 탄소가 만들어지지. 그리고 이렇게 만들어진 이산화 탄소는 단단한 달걀 껍데기를 빠져나갈 수 없어 대신 부드러운 흰자에 압력을 주게 되는 거야. 그 압력 때문에 흰자에 글씨가 새겨지게 되는 것이지."

춘향은 순간 자신이 너무나 부끄러웠다. 겨우 달걀 하나라고 잠시 나마 실망했다는 사실이 몽룡에게 미안했다.

춘향과 몽룡은 나중을 기약하며 그렇게 슬픈 이별을 하였다.

더 알아보기

춘향

도련님, 이산화 탄소는 무엇입니까?

몽룡

이산화 탄소는 물질이 탈 때 생기는 기체 중 하나란다. 공기 중에서 약 0.03퍼센트를 차지하고 있지. 색깔이 없어 눈에 보이지 않고 냄새도 없단다. 압력을 가하면 쉽게 액체로 변하는데, 이런 성질을 이용해서 고체 상태의 이산화 탄소인 드라이아이스를 만들 수 있어. 톡 쏘는 맛이 나는 탄산음료, 속이 메스꺼울 때 먹는 액체 소화제에도 들어 있지. 또 이산화 탄소는 물질이 타는 것을 막는 성질이 있어서 소화기를 만드는 데 쓰이기도 해.

춘향

액체와 기체가 물에 녹는 조건이 다른가요?

몽룡

물질의 종류에 따라 다르지만, 고체는 온도가 높을수록, 기체는 온도가 낮을수록 물에 잘 녹는단다. 설탕을 물에 녹일 때 찬물보다 따뜻한 물에 잘 녹지? 대부분의 고체 물질들은 설탕처럼 온도가 높을수록 잘 녹아. 그런데 기체는 고체와는 달리 온도가 높아질수록 덜 녹아. 예를 들어 사이다를 바깥과 냉장고에 각각 두었다가 뚜껑을 동시에 열면, 바깥에 두었던 사이다에서 거품이 훨씬 더 많이 생겨. 이때 거품은 이산화 탄소가 밀어낸 사이다야. 물의 온도가 높을수록 녹을 수 있는 이산화 탄소의 양이 적어서 바깥에 둔 사이다는 온도가 낮은 냉장고에 둔 것보다 더 적은 양의 이산화 탄소가 녹는 것이다. 다 녹지 못하고 남은 이산화 탄소가 뚜껑을 열면 빠져나가면서 거품을 만들어 내는 거지. 이것은 기체는 온도가 높을수록 덜 녹기 때문에 생기는 현상이란다.

5막

사기꾼 김 첨지에게
당한 월매

ㅋㅋㅋ

"춘향 아씨, 장사가 이대로만 계속된다면 앞으로 남원 땅에서 떵떵거리면서 살 수 있을 것 같아요."

저녁 마감을 마치고 향단이 돈을 세면서 말했다.

"백여덟, 백아홉……. 그다음이 뭐지? 향단이 너 때문에 잊어버렸다. 다시 세어야겠다. 하나, 둘, 셋……."

월매가 돈을 세면서 말했다.

춘향과 몽룡이 개발한 음료가 대박 나자 월매는 떼돈을 벌게 되었다.

방송국에서 취재를 다녀간 뒤로 전국 방방곡곡에서 러브 스토리를 맛보러 오는 통에 가게는 늘 손님들로 붐볐다. 그러던 어느 날 월매의 가게에 훤칠한 키에 수려한 외모를 가진 남자가 들어섰다.

"잠시 지나가는 나그네입니다. 여기 동치미 토닉이 맛있다고 전국에 소문이 자자하던데, 맛 좀 볼 수 있는지요?"

"물론이지요, 호호호."

월매는 상냥한 목소리로 말했다. 잠시 후 월매는 러브 스토리 한 병을 손님에게 내놓았다.

"굉장히 맛있네요."

그날 이후 남자는 자신을 김 첨지라고 소개하고 날마다 월매의 카페에 출근하다시피 왔다.

월매는 그날 이후, 단골손님이 된 김 첨지를 위해서 외모를 가꾸는데 시간과 돈을 투자했다. 어느 날, 김 첨지가 월매에게 진지하게 의논할 일이 있다며 입을 열었다.

"월매 씨, 제게 좋은 아이템이 있는데요."

"좋은 아이템이라니요?

월매가 김 첨지를 재촉했다.

"사실 저는 한양 음료에 다니던 직원이었습니다. 한양에 사는 것이 싫증 나서 사표를 내고 고향 남원으로 내려왔는데 좋은 아이템이 생각나지 뭡니까. 근데 그 아이템을 개발하려면 돈이 있어야 하는데 제가 한양 생활을

아직 다 정리하지 못해 당장 현금이 없어서……."

김 첨지는 괴로운 척 고개를 가로저으며 한숨을 쉬었다.

"아니, 그런 좋은 일을 왜 진작 말하지 않으셨어요. 저는 음료 사업에 투자할 마음이 있어요. 그런데 어떤 음료를 개발하실 생각이세요?"

"요즘 웰빙 바람에 맞춰 이온 음료를 개발하면 어떨까 합니다."

"이온 음료가 뭐죠?"

"쉽게 얘기하면 물에 이온이 녹아 있는 음료이지요."

"점점 모를 얘기만 하시는군요. 대체 이온은 또 뭐죠?"

"에. 그러니까, 세상 모든 물질은 원자로 이루어져 있지요. 원자는 양의 전기를 띤 원자핵과 그 주위를 돌고 있는 음의 전기를 띤 전자로 이루어져 있습니다. 그리고……."

"아, 그런 건 나중에 다시 천천히 설명해 주시고, 이온 음료를 왜 마셔야 하는 거죠?"

월매가 진지한 표정으로 물었다.

"우리가 운동을 통해 땀을 많이 흘리면 몸속의 수분이 줄어들지요. 이렇게 배출된 땀 속에는 물만 있는 것이 아니라 몸에 꼭 필요한 이온들도 포함된답니다. 그러므로 잃어버린 이온을 보충하기 위해 이온 음료를 마셔 주는 겁니다."

김 첨지는 점점 더 신이 나서 설명했다.

"그럼 어떻게 이온 음료를 만들죠?"

"이건 비밀인데 아주 간단하게 만들 수 있어요. 물 1리터에 소금 4분의 1스푼, 설탕 2스푼과 레몬 즙을 섞어서 만들면 돼요. 그리고 물은 반드시 지하수를 사용해야 해요. 이렇게 되면 소금이 물에 녹으면서 나트륨 이온이 만들어지지요. 그러므로 이 물을 마시면 우리 몸에 꼭 필요한 나트륨 이온을 섭취하게 되는 거예요."

"꼭 지하수를 써야 하는 이유가 있나요?"

"보통 우리가 마시는 수돗물에는 이온이 별로 들어 있지 않습니다. 이러한 물을 단물이라고 하지요. 하지만 지하수에는 칼슘 이온이나 마그네슘 이온들이 많이 들어 있는데 이런 물을 센물이라고 부르지요. 그러므로 센물로 이온 음료를 만들면 칼슘이나 마그네슘 같은 이온을 섭취할 수 있어서 건강에 짱이지요."

김 첨지의 말을 들은 월매는 흥분하며 소리쳤다.

"당장 투자하겠어요!"

그날 이후, 김 첨지와 월매는 이온 음료를 개발하는 데 열중했다. 그리고 드디어 김 첨지가 개발한 이온 음료를 카페에 내놓자 반응은 폭발적이었다. 웰빙 바람에 맞추어 이온 음료는 날개 돋친 듯 팔려 나갔다.

하루는 김 첨지가 저녁 일을 마치고 퇴근하려는 월매를 불러 세웠다.

"요즘 시대에는 맛있게만 만든다고 성공하는 게 아닙니다. 마케팅이라는 말 들어 보셨죠? 마케팅이 성공해야 합니다. 저는 이 이온 음료를 전국적으로 알리면 좋겠다는 생각이 듭니다. 전국적으로 체인점을 내자는 말이지요."

"체인점요? 그리고 뭐, 마…… 마네킹요?"

처음 들어 보는 단어에 월매는 귀를 쫑긋했다.

"체인점이란 전국 곳곳에 우리 가게와 똑같은 가게를 내주는 것을 말하지요. 물론 우리가 비법도 전수해 줍니다. 우리는 체인점으로부터 절반의 수익금을 거둬들일 것입니다. 앉아서 떼돈을 번다는 이야기죠."

"정말 앉아서 떼돈을 번단 말이에요? 우리 앞으로 잘해 봅시다!"

한편, 집에 틀어박혀 세월만 보내고 있던 화생은 사는 낙이 없었다.

심혈을 기울여 개발한 요구르트 음료 사업이 동치미 토닉에 밀려 거의 폐업 상태가 되었기 때문이다. 그러던 차에 월매 카페에서 새로운 이온 음료를 개발해 대성공을 거둔다고 하니 화생은 속이 타들어 가는 기분이었다.

"그래. 이대로 두고 볼 수는 없어!"

화생은 두 주먹을 불끈 쥐고 서둘러 옷장에서 모자와 선글라스를 꺼내 걸쳤다.

"이 정도면 못 알아보겠지."

화생은 곧바로 카페로 향했다.

"어서 오세요."

월매가 반갑게 인사를 건넸다.

"어떤 음료를 드릴까요?"

"이온 음료요."

곧 월매가 주방에서 이온 음료를 가져왔다. 월매는 이온 음료를 내려놓으며 화생의 얼굴을 찬찬히 훑었다.

"맛있게 드세요. 근데 분명 어디서 본 얼굴인데……."

화생은 아차 싶었다. 옆 카페 사장이 분장하고 몰래 음료에 대해 알아보려고 왔다는 소문이 동네에 퍼지면 무슨 망신인가 싶었다.

"앗! 연예인 맞죠? 연예인들이 이렇게 모자 푹 눌러쓰고 선글라스로 얼굴을 가리고 다니잖아요. 그쪽은 혹시?"

등이 땀에 흥건하게 젖은 화생이 소리쳤다.

"난 연예인이 아니오! 혼자 있고 싶으니 자리를 비켜 주시오."

화생은 다행이다 싶었다.

'어휴~ 십년감수했네.'

월매는 화생에게 음료를 준 후 김 첨지와 체인점 사업에 관한 이야기를 나누었다. 김 첨지의 말을 들어 보니 자신이 떼돈을 벌 수밖에 없겠다는 믿음이 생겼다. 그래서 체인점 사업에 전 재산을 투자하기로 결심하고 곧바로 김 첨지에게 집문서와 가게 문서를 넘겨 주었다.

한편 화생은 이온 음료를 천천히 들이켜 음미해 보고는 인상을 찌

당장
포도청에
신고하자!

ㅋㅋㅋ

푸렸다.

'음. 겨우 이 맛으로 장사해서 돈을 벌었다니. 그런데 이 음료 어디서 먹어 본 맛인데?'

화생은 음료를 다시 한번 마시고는 확신에 찬 미소를 지었다.

'그래, 한양에서 먹었던 그 맛이야. 춘향아. 그동안 내가 겪은 수모의 열 배, 아니 수천 배를 갚아 주마.'

화생은 카페를 나와 곧바로 포도청으로 향했다.

며칠 후, 포졸들이 월매 카페로 들이닥쳤다. 가게를 청소하던 월매가 소스라치게 놀랐다.

"아니, 갑자기 무슨 일이래?"

두 명의 포졸이 월매의 팔을 잡았다.

"이것 놓으시오, 나는 법 없이도 살 사람이요. 벌건 대낮에 남의 가게에 와서 이 무슨 행패요?"

월매가 포졸의 팔을 뿌리치면서 소리쳤다.

"자다가 봉창 두드리는 소리하고 있소. 이보시오, 아줌마. 아줌마가 지금 돌아가는 상황을 잘 모르는 것 같은데, 아줌마는 포도청에 고소당했어. 그래서 우리가 아줌마를 잡으러 온 거고. 뭐, 암튼 자세한 이야기는 포도청 가서 합시다."

말이 끝나기 무섭게 월매는 곧바로 포도청으로 끌려갔다. 포도청에 도착하자 월매는 고래고래 소리를 질렀다.

"대체 내가 무슨 죄를 지었다고 이 난리들이야? 당신들 내가 누군지 모르는가 본데, 나는 동부승지의 아들 이몽룡의 장모 될 사람이오. 우리 사위가 곧 과거에 급제해서 우리 춘향이를 데리러 올 거라 이 말씀이야."

그러자 포도대장이 콧방귀를 꼈다.

"아줌마가 이번에 한양 음료의 새로운 이온 음료를 몰래 팔아서 돈을 챙겼다면서요. 이온 음료는 이미 한양 음료가 특허청에 신고를 해서 다른 사람이 함부로 팔 수 있는 음료가 아니에요. 아줌마는 어디서 이온 음료를 만드는 기술을 훔치셨소? 가만, 최근에 김 첨지라는 직원이 한양 음료에서 이온 음료 제조법을 훔쳐 갔다고 하는데. 아줌마, 김

첨지를 아시오?"

포도대장이 호통을 치자 월매는 갑자기 눈앞이 깜깜하고 어지러웠다.

"나도 그 작자에게 당한 거라고요."

하지만 월매의 이야기는 아무도 듣지 않았다. 뒤늦게 월매의 소식을 전해 들은 춘향과 향단이가 부랴부랴 포도청으로 달려왔다.

"엄마, 이게 무슨 일이야?"

춘향의 모습을 보자 월매의 눈앞에 눈물이 아른거렸다.

"아이고, 늙어서 내가 주책이다. 다 늙어서 무슨 부귀영화를 누리겠다고. 흑흑흑."

월매는 그동안의 일을 춘향이한테 모두 털어놓았다. 춘향은 곧바로 포도대장에게 달려갔다.

"이게 대체 무슨 일이에요? 소송이라뇨? 저희는 한양 음료에 대해서 들어 본 적도 없어요."

"어머니께서 판매하신 이온 음료는 한양 음료에서 특허를 낸 음료예요. 어머니께서 그 음료를 팔아서 돈을 벌었기 때문에 한양 음료가 소송을 제기한 겁니다. 어머니를 빼낼 방법은 한양 음료와 합의하는 것뿐이요."

포도청에서 나온 춘향은 집으로 돌아와 돈이 될 만한 것을 몽땅 찾아보았다. 하지만 이미 김 첨지가 집과 가게 문서뿐만 아니라 고가품들까지 모조리 들고 갔기 때문에 어느 것 하나 돈이 될 만한 것이 없었다.

춘향이 며칠 밤낮을 고민한 끝에 머리를 스친 생각이 있었으니.

"예? 미스 남원 선발 대회에 나가신다고요?"

향단이 마늘을 까다가 깜짝 놀라며 소리쳤다.

"미스 남원 선발 대회는 얼굴만 보고 뽑는 대회가 아니라고요. 춤, 노래 등 여러 가지 장기도 보는 대회에다가, 대회가 내일인데 어떻게 출전하시려고요?"

"나도 알아. 하지만 이 방법밖에 없는걸. 미스 남원 선발 대회에서 꼭 일등 해서 그 돈으로 우리 엄마를 나오게 할 거야."

춘향은 그날 잠을 이룰 수 없었다.

'절대 평범한 것으로는 일등을 할 수 없어. 남들이 생각지 못한 특별한 걸 보여 줘야 할 텐데……'

춘향은 꼴딱 밤을 지새웠다. 날이 밝자 갑자기 벌떡 일어나 카페로 뛰어갔다. 향단이도 뒤를 쫓아 뛰었다. 춘향은 카페에서 포도주잔들을 꺼내더니 무언가를 실험하기 시작했다.

"곧 대회가 시작될 텐데 이렇게 한가하게 실험이나 하실 겁니까요?"

향단이 답답한 마음에 춘향을 재촉했다. 춘향은 향단에게 잠자코 있으라고 손짓한 뒤 다시 실험에 열중했다. 이윽고 춘향이 크게 웃으며 말했다.

"됐어. 이 정도면 완벽해."

춘향이 포도주잔에 뽀뽀를 했다.

더 알아보기

월매

이온이 도대체 뭐요?

김 첨지

그러니까, 세상 모든 물질은 원자로 이루어져 있지. 원자는 양의 전기를 띤 원자핵과 그 주위를 돌고 있는 음의 전기를 띤 전자로 이루어져 있고. 그리고 음의 전기와 양의 전기는 균형을 이루고 있기 때문에 원자는 중성의 성질을 가지고 있지. 그런데 어떤 원자에서 전자가 하나 사라지면 양의 전기가 더 많아져 양의 전기를 띠게 되는데 이렇게 전기를 띠게 된 원자를 양이온이라고 해. 전자를 하나 더 얻어서 음의 전기가 더 많아지면 음이온이라고 하지. 양이온과 음이온을 합쳐서 이온이라고 불러. 보통 금속이 이온이 되면 양이온이 되는데, 이런 금속의 이온을 특별히 미네랄 이온이라고 부르지. 칼슘, 나트륨, 마그네슘 등은 우리 몸에 꼭 필요한 미네랄 이온이야.

월매

단물과 센물은 또 뭐야?

김 첨지

칼슘 이온이나 마그네슘 이온이 많이 들어 있는 물을 센물이라고 하고, 반대로 적게 들어 있는 물을 단물이라고 하지. 센물은 칼슘 이온, 마그네슘 이온이 만드는 앙금 때문에 비누가 잘 풀리지 않고, 마시는 물로도 잘 안 써. 지하수가 대표적인 센물이야. 단물은 이런 앙금이 별로 없어 비누가 잘 풀리고 생활 곳곳에 널리 사용돼. 센물에 비해 단물이 쓰임새가 많아서 센물에 열을 가하거나 화학 물질을 첨가해 단물로 바꾸어서 쓰기도 해. 강물이나 빗물, 수돗물, 증류수 등이 단물에 속하지.

6막

춘향,
미스 남원이 되다

"반갑습니다! 여러분이 그토록 손꼽아 기다리시던 미스 남원 선발 대회를 시작합니다!"

사회자가 말을 마치자마자 풍악이 울리고 사람들이 환호성을 질러 댔다.

"그럼 오늘의 심사 위원을 소개하겠습니다. 이번에 새롭게 사또로 부임하신 변학도 심사 위원님!"

무대 맨 앞쪽에 심술궂게 생긴 남자가 거만한 표정을 지으며 일어섰다. 한편 추향이는 반드시 미스 남원을 차지하리라 다짐하며 참가자들의 공연을 보았다. 추향이가 생각하기에 참가자들은 외모도 평범하고 장기 자랑도 신선할 것이 없었다. 자신의 승리를 확신하던 찰나, 맨 끝에 서 있는 춘향이를 보자 갑자기 가슴이 뛰었다. 추향은 춘향이의 얼굴을 바라보며 이를 갈았다.

"다음 순서는 혼성 3인조 '저음불가' 팀입니다. 버드나무 서당 돌쇠

와 춘자 그리고 추향이는 앞으로 나와 주세요."

"아니, 춘향이가 아니고 추향이라고?"

변 사또는 소문의 주인공 춘향이를 기다리던 중이었다. 사회자가 지목하자 추향이와 춘자 그리고 버드나무 서당 최고의 재주꾼 돌쇠가 무대로 나왔다. 저음불가 팀이 무대로 나가자 객석이 술렁거렸다. 돌쇠가 머리를 길게 풀어 헤치고 입술을 빨갛게 칠해 여장한 것이었다.

"미녀는 사또를 좋아해~ 자꾸자꾸 예뻐지면 나는 어떡해."

"푸하하!"

사람들이 땅을 치고 눈물을 흘리며 박장대소하기 시작했다. 남자인 돌쇠가 여자처럼 가는 목소리를 내고 여자인 춘자와 추향이의 입에서는 남자처럼 굵은 목소리가 나왔다.

"추향이와 춘자의 목소리가 어떻게 변한 거죠?"

향단이가 신기하다는 듯 춘향에게 물었다.

"기체 때문이야. 그러니까 돌쇠는 헬륨 기체를 들이마셨고 추향이와 춘자는 크립톤 기체를 들이마셨기 때문에 저런 소리가 나오는 거야."

"잘 이해가 안 되는데요."

"소리는 성대의 진동이 그 주위의 공기를 진동시켜 나오는 거야. 진동수가 크면 높은음이 나오고 진동수가 작으면 낮은음이 나오지. 헬륨은 공기보다 가벼운 기체야. 그러니까 헬륨을 들이마시면 무거운 공기보다는 가벼운 헬륨이 더 빠르게 진동하거든. 그러니까 높은음이 나오

게 되지. 반대로 크립톤 기체는
공기보다 무거워. 그래서 크립톤
기체를 마시면 진동이 느려져
낮은음이 나오게 되는 거지."

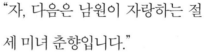

춘향이 말을 마칠 즈음 사람들의
환호와 박수 소리가 들리고 저음불가
팀은 퇴장했다. 추향이는 너무 기뻐서 입이
귀에 걸렸다. 이제 마지막 참가자 춘향의 공연만
남겨 놓고 있었다.

"자, 다음은 남원이 자랑하는 절
세 미녀 춘향입니다."

변 사또는 다시 한번 놀라며 무대를 바라
보았다.

'그래, 추향이가 아니라 춘향이였어. 과
연 듣던 대로 눈을 뗄 수 없게 만드는
미인이구나!'

대회장은 순간 침묵이 흘렀다. 아무도 말을 하는 사람이 없었다. 춘향이 번쩍거리는 옷을 입고 등장해 아름다운 음악에 맞추어 춤을 추고 있었다. 그것은 아름다운 자태를 뽐내는 한 마리 나비 같았다.

향단이가 무대에 나와서 춘향에게 포도주잔을 건네자 춘향은 포도주잔을 들고 부드럽게 춤을 추다 샴페인을 따랐다. 그리고 잔 안에 건포도를 뿌리자 건포도가 오르락내리락 움직였다. 춘향의 아름다운 모습과 신기한 칵테일 쇼에 사람들은 넋을 잃었다.

드디어 최고의 미스 남원을 발표하는 시간.

"올해의 미스 남원은, 예상대로 성춘향입니다!"

"와아!"

"자, 그럼 미스 남원으로 뽑힌 춘향이와 인터뷰를 가져 보겠습니다. 포도주잔 안에서 움직이던 건포도는 대체 어떻게 된 것입니까?"

"간단해요. 포도주잔에는 샴페인이 들어 있어요. 샴페인 속에는 기체 이산화 탄소가 녹아 있지요. 그런데 여기에 건포도를 넣으면 건포도가 가라앉다가 이산화 탄소 기포에 둘러싸여 밀도가 작아지면서 위로 올라오게 되지요. 그러다가 건포도를 둘러싼 기포가 터지면 다시 건포도의 밀도가 커져 가라앉는 거예요. 그래서 건포도가 오르락내리락 움직이는 것이지요."

춘향이 똑 부러지게 설명하자 변 사또는 춘향의 미모와 지혜에 첫눈에 반하고 말았다.

춘향은 미스 남원 선발 대회에서 받은 상금을 들고 곧바로 포도청으로 향했다. 보석금을 내고 풀려 난 월매는 무사히 집으로 돌아갔다.

"아이고, 목이 타는구나. 시원한 마실 것을 가져오너라."

변 사또는 춘향이 얼굴이 눈앞에 아른거려서 어쩔 줄 몰랐다. 이방이 총알같이 달려와 유리병에 담긴 주스를 가져다주었다. 그러나 미지근해서인지 맛이 없었다.

변 사또는 병에 담긴 주스를 시원하게 준비해 두라고 명을 내린 후 잠시 낮잠을 청했다.

"큰일 났습니다. 사또! 도둑이 들었습니다!"

이방의 다급한 목소리에 변 사또는 놀라서 잠을 깼다.

"아니 아무리 간 큰 도둑이라도 그렇지. 포졸들이 수십 명씩 지키고 있는 이곳에 도둑이 들다니."

"석빙고로 가 보십시오. 아까 넣어 둔 병 주스가 죄다 깨졌습니다. 이건 필시 도둑이 다 깨고 간 것이옵니다."

"이런 무식한 것을 보았나. 유리병을 석빙고에 넣으면 온도가 내려가면서 주스가 얼지 않겠나? 온도가 내려가면 액체가 고체로 변한다는 걸 몰라? 주스의 물은 고체인 얼음이 되면서 부피가 10분의 1정도 팽창한단 말이야. 그런데 병이 막혀 있으니까 부피가 팽창하면서 유리

병이 모두 깨지는 거지. 이런 한심한 놈들. 평소에 화학 공부 좀 해 두라고 하지 않았나!"

변 사또는 인상을 쓰며 한바탕 이방을 나무랐다. 답답한 변 사또는 화학을 잘하는 화학 참모가 필요하단 걸 느꼈다.

"여봐라. 지금 당장 남원 바닥에서 화학에 밝은 자들을 모두 찾아서 대령하여라."

이방은 남원을 돌며 화학을 잘하는 사람들을 모조리 관아로 불러들였다. 이 소식을 들은 화생은 곧바로 관아로 달려갔다.

'하늘이 주신 마지막 기회야!'

화생은 입가에 미소를 지었다.

그날 저녁, 변 사또는 화학 참모를 뽑기 위해 직접 면접을 보고 있었다. 변 사또가 지루해 하며 하품 섞인 목소리로 '다음'을 외치자 화생이 간사하게 웃으며 들어와 말했다.

"사또께서 여우를 잡으시려 한다는 소식을 들었습니다. 제가 여우를 잡아 사또께 바치겠습니다."

"여우? 자네 여우라고 말했나?"

비스듬히 누워 있던 변 사또가 벌떡 일어났다.

"네, 그렇사옵니다. 듣자 하니 사또께서 우리 남원의 절세 미녀 춘향에게 마음을 뺏기신 듯한데 제가 춘향이를 사또께 바치겠나이다."

변 사또는 크게 웃으며 소리쳤다.

"여봐라! 밖에 있는 사람들을 모두 돌려보내라."

화생은 입가에 미소를 지었다. 변 사또는 화생을 화학 참모로 임명하고 화방이라는 직책을 주었다.

춘향이를 사또께 바치겠나이다~

더 알아보기

향단

헬륨과 크립톤이 내는 소리의 높낮이가 왜 다른가요?

춘향

소리는 물체가 떨릴 때 생긴단다. '아아아' 소리를 내면서 목에 손을 대 보면 떨리는 것을 느낄 수 있지? 이렇게 물체가 떨리는 현상을 진동이라고 해. 소리의 높낮이는 진동수와 관련이 있는데 진동수가 클수록 높은 소리가 난다. 진동수가 크다는 건 같은 시간 동안 더 많이 떨린다는 거야. 헬륨 가스는 공기보다 가벼워서 소리가 헬륨 속에서 더 빨리 이동할 수 있어. 그래서 더 높은음이 나오는 거야. 반대로 크립톤 가스는 다른 기체에 비해 무거운 물질이라 더 느리게 이동하지. 그래서 목소리를 낮은 저음으로 만들어 준단다.

포졸

석빙고가 무엇입니까?

변 사또

석빙고는 얼음을 저장하기 위한 창고란다. 겨울에 얼음이 얼면 강에서 잘라 내어 얼음이 잘 녹지 않도록 땅을 파고 지하에 깊숙이 보관했다가 여름에 사용했지. 그래서 보통 강에서 멀지 않은 곳에 만들었단다. 현재 지명에 남아 있듯이 한강에도 동빙고와 서빙고라는 얼음 창고가 있었다. 기록을 보면 얼음을 저장하는 일은 신라 시대부터 있었고, 지금 남아 있는 것은 모두 조선 시대에 돌로 만들어진 창고인데, 그래서 이름이 석빙고라고 하는구나. 그 옛날에도 여름에 얼음을 먹을 수 있었다니 놀랍지 않느냐?

7막

춘향,
감옥에 갇히다

"춘향이를 내 앞에서 꼼짝하지 못하게 할 방법이 있다는 게 사실이냐?"

변 사또는 화생의 이야기에 귀가 솔깃했다.

"춘향이와 이 사또의 아들 몽룡이 동치미의 토닉 이론에 관한 논문을 쓰고 있는 것을 본 적이 있습니다. 그 논문만 훔쳐 온다면 사또께서 세계적으로 명성을 떨치게 되어 전하의 신임을 얻게 될 것입니다. 전하의 신임을 얻게 되면 사또의 지위가 크게 상승해서 춘향이도 사또의 말을 거역 못 할 것입니다."

"그런데 무슨 수로 그것을 훔쳐 낸단 말이냐. 사람들 눈도 있는데. 함부로 집을 수색할 수도 없고."

"사또께서는 그런 걱정하지 마십시오. 제가 다 알아서 하겠습니다. 춘향이만 불러 주십시오."

"좋다."

곧바로 변 사또는 춘향을 불러들이라는 명을 내렸다. 포졸들이 춘향을 찾으러 서당으로 우르르 몰려갔다. 포졸들은 춘향에게 오라를 씌워 변 사또 앞으로 끌고 갔다.

"죄인 춘향은 들어라! 죄인은 몽룡과 공모하여 다른 사람들이 이미 연구 한 동치미 토닉 이론을 마치 자신들이 처음으로 발견한 것처럼 사기를 친 죄로 이곳에 오게 되었다. 죄를 인정하는가?"

변 사또가 춘향을 노려보며 물었다.

"억울하옵니다. 그 연구는 도련님과 제가 수개월 동안 시행착오를 겪으면서 완성시킨 것입니다. 우리가 누구의 논문을 표절했다는 것인지요?"

춘향은 고개를 꼿꼿이 세우고 또박또박 말했다.

"좋다. 네 말이 사실이라면, 너의 과학 실력이 출중할 터인데 과연 그러한지 한번 가늠해 보겠다. 이제 화방이 두 개의 문제를 낼 것이다. 문제를 모두 해결하지 못하면 네 죄를 인정하는 것으로 간주하겠다."

변 사또가 자신만만하다는 듯이 춘향에게 게임을 제안했다.

"좋습니다."

춘향이 역시 자신 있는 목소리로 대답했다.

"첫 번째 문제 대령이요."

이방이 소리쳤다. 화방이 접시에 모래를 담아서 가져왔다.

"이 모래에는 쇳가루가 섞여 있다. 모래에서 쇳가루만 정확하게 분

리하여라."

'이렇게 쉬운 문제를 낸다고? 쇳가루는 철이니까 자석에 잘 달라붙고 모래는 자석에 달라붙지 않잖아.'

춘향은 자석을 모래 속에 휘저으며 쇳가루를 분리하였다.

"음하하! 그 정도 문제는 식은 죽 먹기였겠지? 하지만 다음 문제는 쉽지 않을 것이다. 여기에 후춧가루와 소금이 섞여 있다. 후춧가루와 소금을 분리해 보거라."

춘향은 잠시 망설였다.

'소금을 물에 녹이면 후춧가루가 뜰 테니 체에 걸러서 분리하나? 음, 아니야. 그러면 소금물에서 다시 소금을 분리하는 데 시간이 너무 많이 걸리는데. 어떡하면 좋을까.'

춘향이 고민하는 모습을 보자 화방은 웃음을 지었다.

"춘향아, 잘 모르겠지? 이만 게임을 끝내는 게 어떠냐?"

변 사또가 춘향을 재촉했다.

'그러고 보니 예전에 향단이가 코트에 달라붙은 먼지를 정전기를 이용해 뗀 적이 있었지. 그 원리를 이용하면 쉽게 분리할 수 있겠구나.'

"그런 일은 절대 없을 거요. 이미 답을 생각했습니다."

춘향은 가방에서 빗을 꺼내어 여러 번 치마에 문질렀다. 그러고는 접시에 빗을 가까이 대자 갑자기 후춧가루들이 우르르 빗에 옮겨 붙었다. 순식간에 소금과 후춧가루가 분리되었다.

사또와 화방의 표정이 순식간에 일그러졌다.

"그럼, 이 몸은 바빠서 이만 가 보겠습니다."

춘향이 꾸벅 인사를 하고 서둘러 관아를 빠져나오려던 순간이었다.

"뭣들 하느냐. 어서 춘향을 잡아라!"

포졸들이 순식간에 몰려와 춘향의 팔을 잡았다. 춘향은 포졸들을 뿌리치려고 팔에 힘을 줘 보았지만 역부족이었다.

"사또, 왜 이러십니까. 사또가 저와 약조한 것은 하늘이 알고, 땅이 아는 사실인데 약속을 어기실 생각입니까?"

"그거야 사또인 내 마음이지."

춘향은 할 말을 잃었다.

변 사또는 포졸들에게 끌려가는 춘향을 가만히 지켜보았다.

"잠깐, 네 손에 반짝거리는 것이 무엇이냐? 오호라, 이몽룡과 함께

한 커플링이구나. 결혼도 안 한 남녀가 커플링이라니. 여봐라! 춘향의 반지를 빼앗아 녹여 버리거라!"

춘향은 이를 악물고 반지를 빼앗기지 않으려고 안간힘을 써 보았지만 포졸들의 힘을 당해 낼 수가 없었다. 결국 춘향의 손에서 반지가 스르르 미끄러져 포졸들의 손아귀로 들어갔다.

"뭐 하느냐, 화방. 당장 춘향의 반지를 없애 버려라!"

변 사또가 소리치자 화방이 투명한 액체가 가득 담긴 비커를 들고 왔다.

"웬 물이냐. 불에 활활 태워 재로 만들지 않고."

"사또, 태워서 재가 될 때까지는 시간이 많이 걸립니다. 금속은 산에 눈 녹듯이 녹아내리지요. 춘향의 반지를 눈 깜짝할 사이에 녹여 버리겠습니다."

"그것 참 좋은 생각이로다. 당장 녹여 버려라!"

화방의 속이 통쾌해졌다. 그동안 춘향에게 당한 수모도 한순간에 눈 녹듯이 스르르 녹아내릴 것만 같았다.

퐁당!

화방이 산성 용액에 반지를 담갔다. 모든 사람들의 이목이 집중되었다. 그러나 반지는 아무런 변화가 없었다. 화방은 너무나 망신스러웠다.

"대체, 화방 당신은 제대로 하는 일이 없구려! 꼴도 보기 싫다. 당장

춘향이를 하옥해라!"

　이렇게 해서 춘향은 감옥에 갇히게 되었다.

　"도련님이 준 반지가 산에 녹지 않다니. 진짜 금이라면 산에 녹을 텐데. 우리의 영원한 사랑을 약속하는 금반지에 가짜 금을 쓰다니⋯⋯. 도련님! 무심하십니다."

춘향은 울먹거리면서 혼자 중얼거렸다.

한편, 춘향은 어떻게든 감옥에서 나가려는 계획을 세웠다.

"아씨! 이게 무슨 날벼락입니까요? 아씨가 무슨 죄가 있다고……."

향단이가 쇠창살을 붙잡고 울부짖었다.

"향단아, 내 부탁 좀 들어주거라. 잠시 귀 좀."

춘향은 향단에게 조용히 탈출 계획을 전했다.

"그럼, 다음 면회 때 그것만 가져오면 됩니까?"

"쉿! 조용히 하거라."

향단이 다음 날 다시 면회를 왔다. 마침 지나가던 화방이 향단이가 춘향에게 가는 것을 보고 한걸음에 달려왔다.

"손에 든 물통은 무엇이냐?"

"아씨께서 물이 드시고 싶다고 하셔서 물을 들고 왔습니다."

"넌 나를 물로 보느냐? 물은 관아에도 많다. 집에서 일부러 가져올 필요는 없느니라. 잠시 그 물통을 내게 주거라."

향단이는 어쩔 수 없이 물통을 화방에게 넘겼다.

화방은 방 안에 들어가 물통에 리트머스 시험지를 담가 보았다. 역시나 푸른 리트머스가 붉게 변했다.

'물이 아니라 산이었군. 이렇게 리트머스 시험지를 이용하면 산인지 염기인지를 금방 알 수 있지. 금속이 산에 잘 녹는 걸 이용하겠다는 거

군. 산으로 쇠를 녹여서 탈출하겠다 이거지? 흥, 그래. 네 소원대로 산을 선물로 주지!'

화방은 물통에 든 산을 비우고 대신 식초를 가득 담았다.

'식초를 백날 뿌려 봐라. 감옥에 냄새만 지독할 게다.'

화방은 웃으면서 향단에게 물통을 건네주었다.

"그냥 물이로구나, 춘향이에게 꼭 전해 주거라."

향단은 물통을 받아 들며 가슴을 쓸어내렸다.

"아씨! 가져왔습니다."

향단은 쇠창살 사이로 춘향에게 물통을 전해 주었다. 춘향은 곧바로 쇠창살에 염산을 부었으나 쇠창살은 녹지 않고 쉰 냄새만 온 감옥에 진동했다.

"대체 어떻게 된 일이지? 염산 맞느냐?"

"실은 화방이 잠시 물통을 빼앗았으나 곧 돌려주었습니다."

"그렇구나. 화방이 강한 산을 버리고 식초로 바꿔치기 하였구나. 식초는 약한 산이라서 쇠창살을 녹이지 못하지."

춘향의 탈출 시도는 그렇게 실패로 돌아가고 말았다. 하지만 춘향은 낙담하지 않았다. 화방이 쉽지 않은 사람이라는 것도 알았다. 춘향은 향단이에게 내일 면회에는 칼륨을 가져오라고 부탁했다.

다음 날, 향단이는 고민 끝에 신발 속에 칼륨 결정을 숨겨 왔다.

'이건 꿈에도 모를 거다.'

간수의 몸수색에 향단이 자신만만하게 팔을 십자로 벌렸다. 간수들은 그 누구도 칼륨을 발견하지 못했다.

"아씨, 칼륨 결정을 가져왔습니다."

"수고했다."

"아씨, 집 멀리 버드나무 아래서 만나요."

향단이가 조그맣게 파이팅을 외치며 서둘러 나갔다. 춘향은 간수에게 목이 마르다고 물을 한 사발 달라고 부탁하였다.

"안 됩니다요. 사또께서 아무 것도 넣어 주지 말라고 하셨습니다요."

"내 몸에 수분이 2프로 부족하구나. 그러니 어서 시원한 냉수 한 사발만 다오."

간수는 별일이야 있겠냐 싶어 춘향에게 냉수 한 사발을 가져다 주었다. 춘향은 쇠창살 사이에 물 사발을 놓고 그 안에 칼륨을 던지고는 뒤로 물러섰다.

펑!

엄청난 폭발음이 일어나더니 그 충격으로 쇠창살 사이가 벌어졌다. 춘향은 쇠창살을 잡아당겨 틈을 만들어 빠져나왔다.

"됐다. 성공이……. 아니 이런……."

"우리가 그 정도 화학도 모를 줄 알았더냐? 리튬, 나트륨, 칼륨과 같은 금속을 알칼리 금속이라고 하는데 이들은 물과 반응하여 강한 폭발을 일으킨다는 것쯤은 우리도 익히 알고 있는 바, 춘향이 네가 감히 감옥을 탈출할 생각을 해? 하하하. 내가 있는 한 어림없는 소리지."

감옥 밖에서 화방과 추향이 팔짱을 끼고 춘향을 바라보고 있었다.

다시 감옥에 갇히게 된 춘향은 마지막으로 몽룡에게 편지를 쓰기로 했다. 향단은 춘향의 부탁대로 레몬과 붓을 가져다 주었다.

"아씨, 먹이 있어야 글씨를 쓰죠. 대체 레몬으로 어떻게 글을 쓴단 말입니까? 보십시오. 종이에 아무 글자도 안 보이지 않습니까?"

"넌 잠자코 있어라. 어서 이것을 한양에 있는 몽룡 도련님께 전해라."

향단은 눈을 크게 뜨고 종이를 뚫어져라 봤지만 아무 글자도 보이지 않았다. 시큼한 레몬 냄새만 코를 찔렀다.

"크크크, 몽룡 도련님은 코로 글씨를 읽으시나?"

향단이 품 안에 편지를 감추고 돌아가는 길을 추향이 막아섰다.

"품에 감춘 게 뭐냐? 수상한걸. 어디 내가 봐야겠다. 이게 뭐야? 아무 것도 안 쓰여 있잖아?"

"우리 아씨가 감기가 걸려서 코 푼 종이야. 어서 내 놔."

추향은 눈살을 찌푸리며 얼른 종이를 향단에게 주었다. 향단은 아무 것도 쓰여 있지 않은 편지를 봉투에 넣어 서둘러 몽룡에게 부쳤다.

"도련님! 멀리 남원에서 춘향 아씨가 편지를 보내셨습니다요."

"아니, 뭐라고? 우리 춘향이가 편지를? 오늘 아침 까치가 울더니 반가운 소식이 왔구나."

몽룡이 읽던 책을 덮고 버선발로 뛰쳐나가 방자에게서 급히 편지를 낚아챘다. 편지를 펼쳐 보니 아무것도 쓰여 있지 않은 백지였다.

"우리 향단이는 뭐하고 있답니까요? 근데 무슨 편지가 아무 글씨도 없습니까요? 투명 물감으로 쓴 건가?"

몽룡은 그 편지의 의미를 금방 알아챘다.

"이 편지는 레몬즙으로 쓴 것이야. 레몬즙에는 신맛을 내는 시트르

산이 있고, 종이는 탄소와 수소, 산소로 구성된 셀룰로오스라는 물질로
이뤄져 있어. 종이에 열을 가하면 시트르산이 셀룰로오스로부터 물을
빼앗지. 이때 물을 빼앗긴 종이에는 탄소만 남게 돼 글씨를 알아볼 수
있지. 이 편지도 그냥 봤을 때는 아무것도 읽을 수 없지만 불에 그을리
면 글씨가 나타날 거야."

"시트르산이 무엇입니까요?"

구연산이라고도 하지. 레몬이나 귤 같은 과일 속에 들어 있는 무색무
취의 결정체로, 물과 알코올에 잘 녹고 신맛이 난다. 청량음료, 의약품,

염료 따위에 쓰이지."

　잠시 후 몽룡은 편지를 양초에 가까이 댔다. 그러자 검게 그을린 글씨가 나타났다.

　'도련님, 제가 변 사또와 추향이 그리고 화생의 농간으로 옥에
　갇혀 있나이다. 언제 저를 구하러 오시나요?'

"우리 춘향이가 감옥에 갇혀 있다니 큰일이구나. 서둘러야겠어!"
　몽룡은 방자와 함께 서둘러 짐을 챙겨 남원으로 향했다.

더 알아보기

춘향

금속은 왜 산에 잘 녹는 건가요?

몽룡

금속은 대개 전자를 잃었을 때 더 안정된 상태가 되기 때문에 전자를 내보내려고 하는 성질이 강하단다. 이런 성질 때문에 전자들이 원자들 사이를 쉽게 흐를 수 있어서 전기가 잘 통하기도 하지. 그런데 모든 산성 물질에는 수소 이온이 있어.

이 수소 이온이 금속의 전자와 만나면 아주 쉽게 수소 기체로 변해 버린단다. 산성 용액에 금속을 넣으면 부글부글 기포가 생기는데, 수소 기체 때문에 생긴 거야.

춘향

리트머스 실험이 뭔가요?

화방

리트머스 종이는 리트머스이끼의 색소를 우려낸 용액을 거름종이에 적신 다음 말려서 만든 것이오. 리트머스 종이는 푸른색과 붉은색이 있는데 종이의 색깔이 변하는 것을 보고 산성과 염기성을 판단할 수 있지요. 푸른색 리트머스 종이에 산성 용액을 떨어뜨리면 붉은색으로 변하고, 붉은색 리트머스 종이에 염기성 용액을 떨어뜨리면 푸른색으로 변하오. 중성이라면 어느 쪽 종이에서도 색깔의 변화가 없을 것이오.

8막

암행어사
출두요!

"한양 갔던 이몽룡, 다시 왔소이다."

낯익은 예비 사위의 목소리가 들리자 꾸벅꾸벅 졸고 있던 월매가 벌떡 일어났다.

"오호라, 드디어 똑똑한 우리 사위가 왔구나. 근데 얼짱 몸짱 우리 사위는 어디 가고 거지꼴을 하고 있는 댁은 누구쇼?"

"장모, 날 잊었소? 나 이몽룡 맞소이다. 한양 가서 집안이 갑자기 풍비박산이 나 과거 시험도 못 치렀소. 앞으로 장모에게 빌붙어 살려고 멀리서 왔소이다."

순간 월매는 멍하니 아무 말도 못 하고 힘없이 쓰러지더니 몽룡의 바지를 붙잡고 통곡하기 시작했다.

"우리 사위 떡하니 과거 시험에 붙어서 암행어사가 되어 변 사또를 벌하고 춘향이를 멋지게 구해 낼 줄 알았는데 이제 다 틀렸구나."

순간 몽룡이는 '내가 암행어사가 된 줄 어떻게 알았지?'라고 생각하며 가슴이 뜨끔했다.

"춘향이 걱정은 마시고, 내가 이틀째 아무것도 못 먹었으니 남원의 명물 추어탕이나 한 그릇 끓여 주시게."

월매는 들은 척도 안 하고 곰방대에 불을 붙였다. 이제 춘향이가 꼼짝없이 죽는다는 생각이 들자 몸에 기운이 빠지면서 들고 있던 곰방대를 떨어뜨리고 말았다. 마침 곰방대가 마당 한쪽에 모아 놓은 낙엽 더미에 떨어지면서 순식간에 불이 활활 붙었다.

"에그머니나! 이를 어째. 월세 닷 냥짜리 집 다 타겠네. 아이고!"

월매가 허둥지둥거리며 어쩔 줄을 몰라 하는 사이에 몽룡은 재빨리 창고에 있는 소화기를 가져와 불을 껐다.

"거참 신기하네, 불은 물로 끄는 줄만 알았는데 고놈의 입에서 이상한 연기가 나오더니 불이 확 꺼져 버리네."

월매가 마냥 신기한 듯 소화기를 바라보았다.

"물질이 타는 걸 유식한 말로 연소라고 하오. 연소가 일어나기 위해서는 우선 타는 물질이 필요하고, 물질이 탈 정도의 적당한 높은 온도가 필요하고, 또 공기 중의 산소가 필요하오. 이것을 연소의 3요소라고 하오. 보통 물로 불을 끄는 것은 물의 차가움으로 온도를 낮추는 방법이오."

"그럼 이 소화기는 온도를 낮추는 역할을 하는건가?"

"아니, 산소를 막는 역할이라네. 소화기 안에는 이산화 탄소라는 기체가 들어 있소. 이 기체를 불이 난 곳에 뿌리면 이산화 탄소는 공기보다 무거워 불 근처로 가라앉아 불이 붙은 물질이 공기 중의 산소와 만나는 것을 막기 때문에 불이 꺼지는 것이오."

"뭐라고 말하는 건진 모르겠지만 아무튼 우리 사위 덕분에 살았네. 남의 집 태워 먹고 하마터면 길바닥에 나앉을 뻔했어. 가만있어 봐. 사위는 백년손님이라는데 내가 이러면 안 되지. 잠깐 기다려 보슈. 내가 미꾸라지 통통한 놈으로 잡아다 추어탕 끓여 줄 테니."

그날 밤, 방자와 몽룡은 으슥한 산속에서 만났다.

"제가 하루 종일 변 사또의 방 벽장 속에 숨어서 알아낸 겁니다요. 내일모레가 변 사또 생일이랍니다. 그래서 내일 변 사또 생일 기념 전야제로 야유회를 간다고 합니다요. 그리고 춘향 아씨는 변 사또 생일 다음 날 목을 치겠다고 합니다요."

"시간이 별로 없구나."

다음 날 시원한 폭포수 옆 정자에 변 사또와 화방, 그리고 추향이가 자리를 잡고 앉았다. 사또가 좋아하는 삼겹살을 꺼내 솥뚜껑에 올려놓고 춘향이를 어떻게 처치할지 의논하고 있었다.

"돼지고기는 소고기와 달리 잘 익혀서 먹어야 한다. 고기가 익으려면 시간이 걸리니 우리 저 아름다운 폭포나 구경하고 오자꾸나."

변 사또는 일행들을 데리고 폭포 쪽으로 갔다. 그때 나무 위에 숨어 있던 몽룡은 재빠르게 정자로 가 삼겹살을 굽고 있던 솥뚜껑을 부탄가스 통 바로 위에 올려놓고 잽싸게 몸을 숨겼다.

"하하하, 좋은 구경들 하시오!"

변 사또 일행이 이제 고기가 다 익었으려니 생각하고 정자로 다가가자 갑자기 큰 폭발음이 들리면서 솥뚜껑이 하늘로 치솟았다.

펑!

"도련님, 이번 작전은 어떤 작전입니까?"

"부탄가스 통 안에는 액체 상태의 부탄이 들어 있어. 그것이 노즐을 통해 나오면서 기체로 변해 불을 피우는 거지. 그런데 너무 넓은 솥뚜

껑으로 부탄가스 통을 막으면 달궈진 솥뚜껑의 열기가 부탄가스 통으로 전달되어 통 안에 있는 액체 상태의 부탄가스가 기체로 변하면서 급격하게 팽창해서 압력이 높아져. 통이 그 압력을 견디지 못해 폭발하는 거야."

"무시무시하군요."

얼굴이 시커멓게 그을린 변 사또는 화가 머리끝까지 치밀어 올랐다.

"하필이면 내일이 내 생일인데 얼굴이 이게 무슨 꼴이람. 내일 망신 당하기 전에 얼른 얼굴에 팩이라도 하러 가야겠구나."

좋아하는 고기 한 점 먹어 보지 못한 변 사또는 크게 화를 내며 집으로 돌아갔다.

새벽을 알리는 닭의 울음소리가 마을 곳곳에서 들려왔다. 하지만 변 사또의 생일인지라 마을 사람들은 닭보다 먼저 일어나 이른 새벽부터 잔치 준비를 하고 있었다.

전국에서 변 사또의 생일을 축하하러 사람들이 구름 떼처럼 밀려왔다. 변 사또는 불청객을 가리기 위해 간단한 화학 문제를 내 통과한 사람만 안으로 들어올 수 있게 했다.

"나트륨의 화학 기호는?"

사람들이 웅성대고 있을 때 거지 행색을 한 이몽룡이 앞으로 나왔다.

"그것은 'Na'요!"

"통과."

포졸이 몽룡을 들여보냈다. 몽룡은 변 사또에게 줄 액자를 들고 변 사또의 방으로 갔다.

"옛날에는 잘 나갔으나 지금은 몰락한 이름 없는 집안의 장손이올시다. 부친께서 사또 생신이시라기에 특별히 선물을 보내셨사옵니다."

몽룡이 액자를 변 사또에게 보여 주었다. 아름다운 산과 폭포가 그려진 산수화였다. 변 사또는 아주 만족해하며 이방에게 자기 방에 걸어 놓으라고 명령했다.

새벽부터 손님맞이에 바빴던 변 사또는 술이 거하게 취해 초저녁부터 잠이 들었다. 자다가 심한 갈증을 느껴 눈을 뜬 변 사또는 소스라치게 놀랐다. 선물로 받은 액자에 이상한 글씨가 나타나 있는 게 아닌가.

금동이에 든 좋은 술은 만백성의 피요.
옥쟁반의 맛 좋은 안주는 만백성의 기름이라.
촛불의 눈물 떨어질 때 백성의 눈물 떨어지고
노랫소리 높은 곳에 백성의 원망 소리 높아진다.

"화, 화방! 화방 어디 있느냐? 어서 화방을 불러라!"

변 사또는 겁에 질려 이불을 머리끝까지 뒤집어쓴 채 소리쳤다. 화방이 잠옷 바람으로 변 사또의 방으로 달려 왔다.

"사또, 아닌 밤중에 무슨 일이시옵니까?"

"저, 저 그림을 좀 보거라. 낮에는 분명히 저 글씨가 없었는데 밤이 되니 귀신처럼 나타났느니라."

사또가 여전히 이불을 뒤집어쓴 채 손가락으로 액자를 가리켰다.

"사또, 진정하십시오. 저것은 시온 물감입니다. 온도가 높을 때는 보이지 않다가 밤이 되어 온도가 내려가면 눈에 보이는 성질을 가진 것이지요. 으흠, 어떤 자가 저런 짓을……."

화방의 설명에 변 사또는 놀란 가슴을 쓸어내렸지만 쉽게 진정이 되질 않았다.

"드디어 내일이 우리 도련님이 저 냄새 나는 거지 옷을 벗어 버리고 암행어사라는 정체를 밝히는 날이로구나."

방자가 신이 나서 어깨춤을 덩실덩실 추면서 말했다.

"이놈아, 조용히 좀 하거라. 낮말은 새가 듣고 밤말은 쥐가 듣는다."

"도련님, 내일 도련님이 등장하실 때 꼭 제가 외칠 수 있게 해 주십시오. 그런 말은 이 방자님처럼 어깨 떡 벌어지고 목소리가 우렁찬 사내가 해야 합니다. 이 방자의 소원을 들어 주십시오, 네? 네?"

방자가 두 손을 모으고 부처님께 기도하듯이 몽룡을 향해 간절한 눈빛을 마구 쏘아 댔다.

"죽은 사람 소원도 들어준다는데 산 사람 소원 하나 못 들어주겠느냐. 대신 내일 우렁찬 목소리로 잘해야 하느니라. 모기 기어가는 소리로 하면 암행어사가 좀 허약해 보이지 않겠느냐?"

"걱정 마세요. 이 방자가 내일 기차 화통을 삶아 먹은 듯 아주 큰 목소리로 외칠 테니 도련님은 어서 씻고 주무십시오."

"이놈아, 서 있는 김에 불 좀 끄고 가거라. 일어나기 귀찮도다!"

방자가 불을 끄고 문을 닫자 어둠이 순식간에 내려앉았다.

'춘향아, 드디어 내일이구나! 오늘 밤이 왜 이렇게 길게 느껴지는지 모르겠구나. 감옥 안이 쓸쓸하고 힘들더라도 오늘 밤만 잘 견디거라.'

몽룡은 춘향을 생각하자 소리 없이 눈물이 스르륵 흘러내렸다.

꼬끼오~

새벽을 알리는 닭의 울음소리가 쩌렁쩌렁했다. 마치 오늘이 변 사또의 악행을 벌하는 날임을 알기나 한다는 듯이.

"도련님, 부하들이 도착했습니다요."

"드디어 오늘 아침 해가 밝았구나."

몽룡과 부하들은 머리를 맞대고 마지막 작전 회의를 하였다.

방자는 관아의 문을 가장 먼저 열게 될 사람이 자신이라는 사실에 신이 났다.

"사또. 그 요망한 계집을 단칼에 베어 버리십시오. 사또의 말씀을 듣지 않으면 화를 입는다는 것을 무식하고 어린 백성들에게 본보기로 보여야 합니다. 사또의 위엄을 보여 주십시오."

추향이 사또를 재촉했다.

'아깝도다. 나 태어나서 그런 절세가인은 처음 봤는데. 춘향이를 죽

인다고 온 동네방네에 떠벌리고 지금 와서 명을 거둔다고 하면 체면이 말이 아닐 테고. 마지막으로 춘향이를 어르고 달래 보아야겠구나.'

"사또, 춘향이를 대령했습니다."

"춘향이 네 죄는 네가 알렸다?"

화방이 크게 소리쳤다.

"입이 아파서 긴말하기도 싫소이다. 이 춘향이는 죽어도 여한이 없사오니 단칼에 베어 주십시오. 다만 한 가지 가슴이 찢어지는 것은 우리 도련님을 보지 못하고 죽는다는 것."

"뭣들 하느냐! 저 요망한 계집을 당장 베어 버려라."

화방의 외침에 변 사또는 가슴이 철렁 내려앉았다.

"잠깐만 기다려 보거라. 춘향아, 네 목을 치면 내가 얼마나 가슴이 아프겠느냐. 그냥 두 눈 딱 감고 내 아내가 되는 것이 어떠냐? 평생 고기 반찬만 먹게 해 주겠다. 내가 가진 금은보화도 다 네 것이다. 어떠냐? 내 아내가 되어 주겠느냐?"

"귀가 간지러워서 더는 못 들어 주겠나이다. 사또는 자존심도 없소이까? 사또께서 그 어떤 사탕발림으로 저를 꾀려 하여도 저는 눈썹 하나 까닥하지 않을 것입니다."

"뭣이라! 내가 직접 춘향의 목을 베겠다. 칼을 대령하여라!"

추향이가 단걸음에 달려가 사또에게 칼을 바쳤다.

그 순간이었다. 방자는 관아 문을 발로 팍 차면서 아주 큰 목소리로 외쳤다.

"암행어사 졸도요~!"

방자의 옆에 있던 부하들이 놀라며 곡을 했다.

"아이고! 아이고! 이제 가면 언제 오나~ 어이야~ 어이야~"

"이놈들아, 뭣들 하느냐. 당장 들어가지 않고."

방자가 군사들을 재촉했다.

"방금 자네가 암행어사가 졸도하였다고 하지 않았나. 우리끼리 들어가서 어쩌자는 말인가."

군사들이 일제히 멈춰 서서 아무도 들어갈 생각을 하지 않았다. 멀리서 지켜보던 몽룡의 머릿속에 별 몇 개가 빙글빙글 돌았다.

'저런 바보 같은 놈을 보았나! 암행어사 졸도라니! 나를 총각 귀신으로 만들어 이씨 집안의 대를 끊어 놓으려고 작정을 하였구나.'

"대체 졸도가 아니면 뭐였더라? 졸두, 출두, 철두. 아, 대체 뭐지?"

방자가 망설이자 답답했던 몽룡이 크게 소리쳤다.

"출두다! 이 바보 같은 놈아!"

"아, 맞다."

다급해진 방자가 다시 목청을 가다듬고 소리쳤다.

"암행어사 출두요~!"

그 순간 잠적해 있던 부하들이 우르르 밀물처럼 밀려왔다. 관아의 포졸들과 양반들이 소리를 지르며 도망가기 바빴다.

변 사또와 화방과 추향도 서로의 눈치를 살피다 생쥐처럼 재빠르게 내달리기 시작했다. 그 순간, 어사의 군사들이 드라이아이스를 마당에 던졌다. 마치 안개가 낀 듯이 눈앞이 답답하고 한 치 앞을 볼 수 없었다. 눈을 비비던 포졸들이 도망치다가 드라이아이스를 밟았다.

"앗 차가워! 앗 뜨거워!"

이를 지켜본 방자가 몽룡에게 물었다.

"쟤들 바보 아닙니까? 차갑고 뜨거운 것은 서로 반대의 성질인데 말입니다요."

"드라이아이스는 영하 78도 정도의 차가운 물질이야. 이렇게 차가운 물질을 밟으면 순간적으로 동상에 걸리는데 마치 불에 덴 것처럼 화끈거리지."

"아하, 그래서 뜨겁고 차갑다고 한 거군요."

포졸들은 퉁퉁 부어 버린 발을 거머쥐고는 고통스러워했다. 방자가 포졸들을 발로 차 버리자 모두 넘어져서 데굴데굴 굴러다녔다.

드라이아이스가 마당에 던져진 것을 눈치챈 화생은 조카 추향과 변사또에게 함부로 움직여서 드라이아이스를 밟지 말라고 경고했다.

이어서 몽룡의 부하들이 방귀를 채운 풍선을 던지고 불을 지폈다. 그 순간 엄청난 굉음으로 '펑' 하고 폭발이 일어나 불이 붙었다.

'아버지, 감사합니다! 아버지가 화장실에서 뀐 방귀 덕에 제가 폭탄을 만드는 데 성공하였습니다. 방귀 속의 메탄가스가 불이 잘 붙는 걸

이용했지요.'

변 사또의 군사들이 모두 무기를 버리고 무릎을 꿇었다. 변 사또와 화방과 추향은 공격을 이리저리 재빠르게 피해 가며 도망쳤다.

몽룡은 기다란 통 한쪽에 고춧가루가 들어 있는 봉지를 끼워 넣고, 통의 반대쪽 구멍에 베이킹파우더와 식초를 붓고는 구멍을 손으로 막았다. 그러자 '펑' 소리를 내며 고춧가루 폭탄이 변 사또의 얼굴로 날아가 터졌다.

"아이고 매워!"

변 사또는 얼굴을 붙잡고 괴로워했다.

"우아! 대단한 대포네요? 원리가 뭡니까요?"

방자가 물었다.

"베이킹파우더에 식초를 넣으면 이산화 탄소가 발생하지. 그것이 통 안에 큰 압력을 만들어 고춧가루 폭탄이 날아가게 된 것이다."

순식간에 관아는 쑥대밭이 되어 버렸다. 더 이상 도망갈 곳이 없다는 것을 느낀 변 사또와 화방과 추향은 무릎을 꿇었다.

몽룡은 부채로 얼굴을 가린 뒤 변 사또를 밀쳐내고 변 사또의 의자에 앉았다.

춘향은 여전히 고개를 숙이고 있었다. 이때 몽룡이 가슴팍에 숨겨 두었던 종이 뭉치를 꺼내 춘향에게 던졌다. 고개를 숙이고 있던 춘향은 한눈에 그 종이가 심상치 않은 종이임을 알아챘다. 그리고 표지의 글

씨를 천천히 읽어 내려갔다.

"〈기체의 용해도에 관한 연구〉 성춘향, 이몽룡."

춘향의 눈에 눈물이 비 오듯이 흘러내렸다. 춘향은 눈물을 흘리며 천천히 고개를 들었다. 몽룡이 춘향을 향해 웃음 짓고 있었다. 꿈속에 그리던 몽룡이 눈앞에 있다니.

"춘향아, 내가 왔어. 그동안 고생 많았지? 우리 논문도 완성되었고 나도 이제 장원급제해서 암행어사가 되었으니 우리 같이 화학 연구나 하며 여생을 보내자꾸나."

"좋아요. 하지만 한 가지 짚고 넘어갈 게 있어요."

"엥? 그게 뭐냐?"

"전에 저에게 주신 금반지, 그거 가짜지요?"

"무슨 소리? 그건 100퍼센트 순금이야!"

"그럼 왜 금인데 산에 안 녹죠?"

"모든 금속이 산에 녹는 건 아니야. 금이나 은과 같은 금속은 산에는 잘 안 녹고 왕수라는 물질에만 녹아."

"왕수가 뭐죠?"

"진한 질산과 염산을 1 : 3의 비율로 섞은 것이지. 녹이는 성질이 아주 강한 놈이야."

"그랬군요. 그런 줄도 모르고."

춘향은 차마 얼굴을 들 수 없을 정도로 창피했다.

"춘향아, 고개를 들어라. 이제 너와 나는 백년해로할 것이니 나의 품에 안겨라."

춘향의 볼이 빨개지더니 어느 틈엔가 몽룡의 품에 안겨 있었다.

더 알아보기

방자

드라이아이스가 무엇입니까요?

몽룡

우리 주변에서도 드라이아이스는 쉽게 찾아볼 수 있어. 아이스크림을 녹지 않게 집까지 포장해서 가지고 올 때 넣어 주는 흰색의 덩어리가 바로 드라이아이스야. 공기 중에 두면 하얀 연기를 내뿜는데, 그건 수증기가 응결된 물방울들이란다. 얼음처럼 생겼지만 물을 얼려서 만든 얼음과는 달라. 고체 상태의 이산화 탄소라고 전에 알려 준 것 같은데? 그새 까먹은 것이야? 이산화 탄소는 영하 78도보다 높은 온도에서는 기체 상태로 있어. 그래서 드라이아이스를 상온에 두면 고체 상태에서 곧바로 기체 상태로 변화하는 '승화'가 일어나. 이때 주변으로부터 열을 흡수하기 때문에 열을 빼앗긴 주변 물체들의 온도가 내려가는 거야.

방자

산과 염기가 만나는 중화반응이 뭐예요?

몽룡

산은 수소 이온을 내놓는 화학 물질이고 염기는 수소 이온을 흡수하는 물질이지. 이 둘 사이의 화학 반응을 중화 반응이라고 한단다. 산과 염기가 서로 만나 중성을 이루는 과정이지. 생선의 비린내는 염기성인데, 이 비린내를 없애려고 산성인 레몬을 뿌리는 것도 중화 반응을 이용한 것이야. 마찬가지로 벌이나 벌레의 침에는 산성의 독 성분이 들어 있는데, 염기성인 암모니아수를 발라 주면 산성과 염기성이 반응하여 침의 독 성분이 제거된단다. 벌레 물린 데 침 바르라는 말이 그냥 하는 말이 아니란다.

고전에 빠진 과학 2

춘향이 화학 천재라고?

초판 1쇄 2024년 11월 11일
글 정상완 **그림** 홍기한

편집 정다운편집실 **디자인** 하루

펴낸곳 브릿지북스 **펴낸이** 박혜정 **출판등록** 제 2021-000189호
주소 경기도 고양시 일산서구 킨텍스로 284, 1908-1005
전화 070-4197-5228 **팩스** 031-946-4723 **이메일** harry-502@daum.net

ISBN 979-11-92161-08-2 74400
ISBN 979-11-92161-06-8 (세트)